U0909694

国家自然科学基金项目（41061049）
教育部人文社会科学基金项目（08JC790050）
中国博士后科学基金特别资助项目（200902135）
江西财经大学鄱阳湖生态经济研究院资助出版

区域生态用地的演变机制与调控研究

谢花林　著

中国环境科学出版社·北京

图书在版编目（CIP）数据

区域生态用地的演变机制与调控研究/谢花林著. —北京：中国环境科学出版社，2011.10

ISBN 978-7-5111-0715-2

Ⅰ. ①区… Ⅱ. ①谢… Ⅲ. ①区域环境：生态环境—景观—土地利用—研究—华北地区 Ⅳ. ①TU986.2 ②F321.1

中国版本图书馆 CIP 数据核字（2011）第 187843 号

责任编辑 张维平
封面设计 彭 杉

出版发行 中国环境科学出版社
（100062 北京东城区广渠门内大街 16 号）
网 址：http://www.cesp.com.cn
联系电话：010-67112765（总编室）
发行热线：010-67125803，010-67113405（传真）

印 刷 北京东海印刷有限公司
经 销 各地新华书店
版 次 2011 年 10 月第 1 版
印 次 2011 年 10 月第 1 次印刷
开 本 787×960 1/16
印 张 12
字 数 200 千字
定 价 38.00 元

前　言

“生态用地”一词是由石元春院士于 2001 年考察宁夏回族自治区时提出，随后石玉林院士在中国工程院咨询项目《西北地区水资源配置与生态环境保护》报告中对生态用地概念做了阐述，报告中指出，在西北干旱区，生态用地是指具有干旱区防治和减缓土地荒漠化加速扩展功能的土地，可以作为“缓冲剂”，以达到保护和稳定区域生态系统的目标。生态用地犹如城镇的“肝脏”，是解毒排毒、维护健康的生态系统。同时，通过提供优美的景观，使居民身心愉悦。由于长期缺乏自然生态保护观念下形成的单纯耕地保护理念的驱动，在建设用地需求快速扩张推动下，人类对自然生态系统的侵占以及干扰广度和强度的增加，伴随着工业化大潮推动下出现的环境破坏，在全国范围内已经形成环境污染加重，南部自然生态大面积消失，东北部水土流失和自然生态严重退化，北部和西北部自然生态系统濒临崩溃，沙漠化快速发展的局面。迫切需要在土地资源管理中增加生态用地规划内容，通过土地利用总体规划对生态用地和人类社会生产生活用地进行总体平衡和妥善安排，促进节约集约用地，在保障人类社会对土地资源基本需要的同时，为保护好自然生态，促进自然生态及环境改善提供基本的生态资源和空间保障。

21 世纪，城镇化已经成为人类社会发展的必然趋势，城镇扩张不可避免地将大量的森林、湿地等发挥着重要生态服务功能的生态用地转化为城镇建设用地，对区域乃至全球的生态系统造成较大的影响。生态用地是人类赖以生存的基本资源与条件，保护生态用地，逐步恢复生态破坏严重地带，退还自然生态用地，对于维护生态平衡，改善区域生态状况，促进人与自然和谐，实现经济社会可持续发展，具有十分重要的意义。鉴于京津冀地区生态用地的高服务价值以及城镇化过程中 LUCC 的生态环境效应，有必要针对性地定量研究京津冀地区的生态用地流转和变化过程及驱动机制，这对于丰富区域生态安全的空间策略研究有重要意义。

本著作以京津冀地区为研究对象，在界定生态用地内涵的基础上，运用景观生态学的格局指数法、空间统计学的 ESDA 方法和 Logistic 回归模型，从区域生态景观格局的动态变化特征、县域尺度上生态用地空间变化差异以及区域生态用地演变的空间驱动因素等方面，揭示出区域生态用地演变的机制。在此基础上，基于 GIS 技术，从水资源安全、生物多样性保护、灾害规避与防护和自然游憩 4 个方面，构建空间尺度上的生态用地重要性综合指数，进而识别出区域的关键性生态用地空间结构。最后通过构建生态用地演变的 CA 模型，从空间上模拟自然发展、目标导向和生态优先等不同情景下的生态用地调控格局，从是否保护重要的生态用地和空间连续性等方面评估不同政策下的调控效果，为区域土地生态管理提供决策依据。主要结论如下：

（1）20 世纪 80 年代至 2005 年区域林地、草地的转入和转出过程中，其和耕地之间的转化比较明显，表明退耕还林还草和开荒现象并存。林地景观的总斑块数目、斑块密度和最大斑块指数，都呈现上升趋势，表明人类活动对林地的影响随着时间的推移在不断加剧。

（2）从全局的空间特征来看，20 世纪 80 年代至 2000 年京津冀地区林地、草地和湿地等生态用地类型数量变化的区域分布存在较显著的集聚特征，即生态用地变化快的地区其周边区域变化也快，反之亦然。林地 Moran's Ⅰ 值由时段Ⅰ（20 世纪 80 年代至 1995 年）的 0.3084 减少至时段Ⅱ（1995—2000 年）的 0.3024，表明京津冀地区林地数量变化在空间分布上集聚的趋势在减弱。从局部的空间特征来看，从整个时间段（20 世纪 80 年代至 2000 年）看，各县的局域 Moran's Ⅰ 范围在[−2.4588，11.9569]，极差为 14.4157，其中近 80%的区域林地变化具有较明显的集聚性，近 20%的县与周边区域林地变化有明显的不同。

（3）通过 Logistic 回归模型分析，发现研究区各生态用地类型的变化不同历史阶段有着不同的重要影响因素。对于林地变化而言，京津冀地区在第一阶段（20 世纪 80 年代至 2000 年）和第二阶段（2000—2005 年），最重要的解释变量都为土壤表层有机质含量和坡度级 Ⅰ（＜5°）。对于草地变化而言，第一阶段（20 世纪 80 年代至 2000 年）主要的影响因素是土壤表层有机质含量，而在第二阶段（2000—2005 年）主要的影响因素是到最近国道的距离。对于湿地变化而言，在第一阶段（20 世纪 80 年代至 2000 年）主要的驱动因素是地貌类型，而在第二阶段主要的驱动因素是人均 GDP。

（4）在综合考虑水安全、生物多样性保护、灾害规避与防护和自然游憩 4 个方面，识别出京津冀地区核心型生态用地的面积为 54 943.87 km^2，占全区总面积的 25.42%，主要分布在西北部山区，是区域河流水系、湿地、自然保护区、森林公园和风景名胜区的核心区，是维护区域生态安全的底线生态用地。识别结果能较好地反映关键性生态用地维护区域水、生物、灾害防护和游憩安全的空间特征。该识别方法将有利于指导我国土地的生态管理，开展生态保育和生态建设，维护区域生态系统健康与安全。

（5）通过设置自然发展、目标导向和生态优先 3 种情景，构建生态用地演化的 CA 模型，模拟了北京市不同情景下的 2020 年生态用地发展格局。从关键性生态用地的损失量来看，自然发展情景生态用地的损失量＞目标导向情景的损失量＞生态优先情景的损失量。从生态用地的空间形态来看，生态优先情景下的生态用地格局有效地保护了生态用地的优势斑块，同时生态用地斑块之间的聚集程度较大。综合考虑生态用地的面积总量，关键性生态用地的损失量以及空间形态 3 方面的因素，发现不同情景下 2020 年的生态用地格局优劣排序为：生态优先情景＞目标导向情景＞自然发展情景。因此，北京市未来的土地利用管理中应该优先推行退耕还林还草政策，保护湿地，禁止对一级水源保护区、自然保护区、风景名胜区、地质公园等限制区的开发，以维护区域生态系统健康与安全。

（6）提出了区域生态用地的调控对策，包括增补生态用地为土地利用一级地类；推行退耕还林还草、封山育林和水源保护政策，增强生态用地的生态屏障功能；加强生态用地动态监测，不断优化生态用地结构与布局；创新区域生态补偿机制；完善立法，确保生态用地保护措施的有效实施；加强生态用地保护宣传教育，推动公众参与。

本著作在全面对区域生态用地演变机制与调控的理论和方法研究基础上，通过若干典型区域土地利用对生态环境的效应分析，为区域土地资源的可持续利用和生态环境建设及土地与环境的协调发展等提供理论依据，这对于协调人地矛盾，避免土地利用中的短期行为和盲目性开发，实现区域可持续发展具有重要意义。

总之，本著作比较系统地介绍了区域生态用地演变机制与调控研究的理论和方法，并结合部分案例区进行了实践研究。本书可供土地资源管理、地理学、生态学等专业的科研人员阅读，也可作为大学生和研究生的参考书。

目　录

第1章

绪　论

1.1 研究的背景与意义

土地利用是人类根据土地的自然特点，按一定的经济、社会目的，采取一系列生物、技术手段，对土地进行长期性或周期性的经营管理和治理改造。土地利用/土地覆被变化（LUCC）对环境和生态的作用在全球环境变化研究领域越来越受到高度重视（李秀彬，1996）。在土地利用管理中人们公认的目标一般可表述为保证生存、保障发展和保护环境。关于保护环境，当前停留在理性层面上，较少落实到土地利用规划上，致使保护环境目标虚化而难以实现。特别是受国家“一要吃饭，二要建设，兼顾生态”政策的影响，我国土地利用长期以来突出强调食物生产属性和人类空间利用属性的价值取向，而对于土地支撑自然生态系统和维持人工生态系统的重要基础作用重视不足。这突出体现在目前试行的土地分类系统中没有生态用地这一类别，各级土地利用总体规划中也没有将自然生态保护作为一项基本内容。在建设用地需求日益增加的背景下，为满足耕地“占一补一”政策的要求，沿海滩涂湿地以及其他生态用地（尤以湖泊等湿地以及草原为首）正面临农业开发的威胁。生态用地的过度开发将导致生物多样性丧失、生态退化、生态调节能力下降等灾难性后果（苏伟忠，2007）。

生态用地犹如城镇的“肝脏”，是解毒排毒、维护健康的生态系统。同时，通过提供优美的景观，使居民身心愉悦。21 世纪，城镇化已经成为人类社会发展的必然趋势，城镇扩张不可避免地将大量的森林、湿地等发挥着重要生态服务功能的生态用地转化为城镇建设用地，对区域乃至全球的生态系统造成较大的影响。生态用地是人类赖以生存的基本资源与条件，保护生态用地，逐步恢复生态破坏严重地带，退还自然生态用地，对于维护生态平衡，改善区域生态状况，促进人与自然和谐，实现经济社会可持续发展，具有十分重要的意义。

庆幸的是，我国政府已开始关注生态用地的保护问题。如深圳市 2003 年为了保障区域基本生态安全，维护生态系统的科学性、完整性和连续性，防止城市建设无序蔓延，划定了生态用地控制圈，强制性保护生态用地；2010 年国务院批准的新一轮《全国土地利用总体规划纲要（2006—2020 年)》(以下简称《纲要》）中明确提出了“按照建设环境友好型社会的要求，立足构建良好的人居环境，统筹安排生活、生态和生产用地，优先保护自然生态空间，促进生态文明发展。”《纲要》提出提高生态用地比例，强调城镇建设要始终把人的需求放在首位，通过合理的用地安排，使人民生活在有利于身心健康的城镇环境中，实现经济发展和人口资源环境相协调。《纲要》进一步提出，要严格保护基础性生态用地，构建生态良好的土地利用格局。基础性生态用地是国家生态安全的重要组成部分和经济社会可持续发展的重要基础。

京津冀地区是继“长三角”和“珠三角”都市经济区之后，正在发展壮大的我国第三大都市经济区。由于历史、人口、经济社会发展等多种因素的影响，京津冀地区生态环境问题日益显现，有的地方生态功能严重退化。特别是长期以来由于不合理的土地利用方式(城镇化，森林资源长期过度采伐利用和围湖造田等)，京津冀地区大量的森林、湿地等发挥着重要生态服务功能的生态用地转化为建设用地等非生态用地，对区域的生态系统造成较大的影响。鉴于京津冀地区生态用地的高服务价值以及城镇化过程中 LUCC 的生态环境效应，有必要针对性地定量研究京津冀地区的生态用地流转和变化过程及驱动机制，这对于丰富区域生态安全的空间策略研究有重要意义。

因此，本研究以人地矛盾突出、生态用地破坏严重、我国重要的经济发展区——京津冀地区为研究对象，在界定生态用地内涵的基础上，从区域生态景观格局动态变化以及区域县域尺度生态用地空间变化差异等方面，分析区域生态用地的时空变化特征，并基于 Logistic 回归模型分析区域生态用地演变的驱动因素，揭示区域生态用地的演变机制。从水资源安全、生物多样性保护、灾害规避与防护和自然游憩 4 个方面，构建空间尺度上的生态用地重要性综合指数，进而识别出区域的关键性生态用地空间结构。最后根据区域生态用地的演变机制和区域关键性生态用地空间结构，构建由生态用地约束层、环境因素层和元胞自动机（CA）层组成的生态用地演变模型。根据生态用地演变模型，从空间上模拟自然发展、目标导向和科学调控等不同情景下的生态用地调控格局，从是否保护重要的生态用地和空间连续性等方面评估不同政策下的调控效果，为地方政府的生态管理提供决策依据，这对于丰富区域生态安全的空间策略研究，维护京津冀地区生态系统健康和区域可持续发展有重要的理论和实践意义。

1.2 生态用地的内涵

1.2.1 生态用地的定义

“生态用地”一词是由石元春院士于2001年考察宁夏回族自治区时提出，随后石玉林院士在中国工程院咨询项目《西北地区水资源配置与生态环境保护》报告中对生态用地概念做了阐述，报告中指出，在西北干旱区，生态用地是指具有干旱区防治和减缓土地荒漠化加速扩展功能的土地，可以作为“缓冲剂”，以达到保护和稳定区域生态系统的目标（张红旗，2004）。岳健等（2003）对生态用地的概念做了更为定性的描述，认为生态用地是指除农用地和建设用地以外的土地，包括为人类所利用但是用于农用和建设用以外的用途，或主要由除人类之外的其他生物所直接利用，或被人类或其他生物间接利用，并主要起着维护生物多样性及区域或全球的生态平衡以及保持地球原生环境作用的土地。苏伟忠（2007）等认为生态用地的狭义理解是指以发挥自然生态服务功能为主的土地资源。柏益尧（2005）引入“生态用地”和“三地”的概念，用“建设用地”、“耕地”和“生态用地”三种用地类型重新整合土地资源，以期改变长期以来土地资源分类管理偏重于人类的需求、忽视生态环境建设需要的状况。邓红兵（2009）从生态服务角度出发，定义区域或城镇土地中以提供生态系统服务为主的土地利用类型为生态用地。唐双娥（2009）从法学视角认为生态用地可界定为保证人类生态安全、以发挥生态功能为主的土地，或者其生态功能重要或非常脆弱需要修复、保护的土地。

本研究认为生态用地应该是维持区域生态平衡，以发挥自然生态系统服务功能为主的土地资源。生态用地的内涵包括：①生态用地以自然生态保护为主要目的，与侧重支撑人类生态系统用地类型的建设用地、耕地相对应。其用途侧重自然生态系统的保护及其功能发挥，尽量避免人类活动对自然生态系统的干扰和破坏；②生态用地的范围应当包括各类自然生态系统保护用地、自然和人工水系以及各类湿地、重要生态功能区保护用地、自然保护区等；③生态用地应当为自然生态系统的修复与弥合创造条件，最终恢复并保持自然生态系统的完整多样和健康稳定；④生态用地的安排对于人类需求来说，侧重点在于保证人类社会生态安全，满足人类整体生存需要前提下生活质量的提高、可持续性的保障以及人与自然的和谐（张德平，2006）。

区域关键性生态用地是指在区域一定的生态空间供给下，为保障区域洪水防护和水资源保护安全、生物多样性保护安全、地质灾害防护安全、游憩安全，维护区域景观格局完整性和连续性所需的关键性用地空间。它承担着维护生命土地的安全和健康的关键使命，并为社会提供持续不断的生态空间服务，是区域土地生态系统能持续地提供自然空间服务的基本保障。

1.2.2 生态用地的分类

在区域生态用地分类方面，张红旗（2004）以人类对生态用地的影响程度为分类原则，将各类生态用地归并为人工型生态用地和自然型生态用地两大类。陈婧等（2005），以土地利用的生态、生产、生活功能为立足点，在生态用地一级分类的基础上，提出了划分为 11 个二级生态用地类型，包括自然保护区、维护生态系统为主要功能目标的林地、草地与灌丛、水体、湿地等。邓红兵（2009）将区域土地分为“生态用地”、“生产用地”和“生活用地”三大类型，生态用地按照不同生态系统服务分为自然用地、保护区用地、休养与休闲用地和废弃与纳污用地 4 个二级类型。

在城市内部生态用地分类方面，邓小文（2005）根据城市生态系统的特点，给出了城市生态用地定义，指出城市生态用地同时具有自然属性和社会属性，将城市生态用地划分为服务型生态用地和功能型生态用地两大类型。王振健（2006）将城市生态用地划分为两大类、四个亚类，两大类即湿地生态用地和绿化生态用地。其中湿地生态用地只划分为一个亚类，主要指城市中天然的或人工的河道、湖泊、坑塘；绿化生态用地分为防护绿地、公共绿地和庭院绿地三个亚类。

根据生态用地的内涵和国内外生态用地分类的前人研究成果，本研究认为生态用地划分要有利于土地利用管理的要求，应该分为建设用地、耕地、生态用地和未利用地四大类，生态用地的分类系统要便于操作与目前的土地分类系统相衔接。即从政府的土地资源管理三大目标[粮食安全、建设保障（城镇化）、生态安全]出发，遵循主导功用性、土地分类的衔接性、排他性和便于土地利用管理等原则，提出了基于现行全国土地分类体系的生态用地构成（表 1-1）和区域生态用地分类体系（表 1-2）。

表 1-1 基于现行全国土地分类体系的生态用地构成

一级类型	二级类型	三级类型
农用地	林地	林地、灌木林、疏林地、未成林造林地、迹地、苗圃
	园地	果园、桑园、茶园、橡胶园、其他园地
	牧草地	天然草地、改良草地、人工草地
未利用土地	未利用土地	荒草地、沼泽地
	其他土地	河流水面、湖泊水面、水库水面、苇地、滩涂、冰川及永久积雪

表 1-2 区域生态用地分类体系

一级类型	二级类型	三级类型
生态用地	林地	林地、灌木林、疏林地、未成林造林地、迹地、苗圃
	园地	果园、桑园、茶园、橡胶园、其他园地
	草地	天然草地、改良草地、人工草地
	湿地	河流水面、湖泊水面、水库水面、苇地、滩涂、沼泽地
	其他生态用地	荒草地、冰川及永久积雪、苔原

1.3 相关研究进展

1.3.1 生态用地研究进展

1.3.1.1 区域生态用地的需求分析方面

在生态用地的需求分析方面，张颖（2007）应用碳氧平衡法探讨了区域生态用地需求量的测算方法，应用上述方法开展了测算郑州市 2010 年生态用地需求量实证研究，结果表明解决生态用地需求量预测必须界定“生态用地”的概念和区分土地生态功能多元性。韩学敏（2010）以生态系统服务功能价值评估方法为基础，提出了有效生态用地的概念及测算方法，并进行了环太湖地区的实证研究。贾宝全（2010）根据国家与湖北省的相关政策、规定，以土地利用图和基本农田保护规划图为基础，利用 GIS 对武汉市的生态用地潜力进行分析。周炎（2006）以清镇市为例，进行了典型岩溶地区生态用地需求量预测和空间分布研究。

1.3.1.2 生态用地演变与利用评价方面

在生态用地的演变方面，苏伟忠（2007）从生态用地的破碎化角度，基于生态用地和测度指标界定，在 RS 与 GIS 支持下采用土地利用矢量图描述近 20 年长三角地区生态用地破碎特征，并定量分析生态用地破碎与坡度、水面和人为干扰与补偿的关系。王利文（2009）从定性和定量两个方面分析了中国北方农牧交错带生态用地变化对农业经济的影响，并建议应当重视农牧交错带生态用地减少的现象，调整土地利用结构，为农牧交错带农业经济的可持续发展提供良好的生态条件。

在生态用地重要性评价方面，曾招兵等（2007）建立了上海市青浦区生态用地的综合评价指标体系，并对研究区生态用地建设的现状进行了综合的分析与评价。范学忠等（2008）对昆明市生态红线区非生态用地的转变提出了 3 种方案，利用 2005 年土地利用变更调查数据，计算和分析了非生态用地转变前后红线区的生态效益价值。刘昕等（2010）以数值法作为分析方法，与生态系统服务功能理论相结合，从生态环境、生态敏感性、气候、土壤和地貌 5 方面建立江西省生态用地保护重要性评价指标体系，在 GIS 技术的支持下，研究其生态保护重要性和生态用地的空间分布。根据生态用地保护重要性将其划分为禁止开发生态用地、限制开发生态用地和可适当开发生态用地 3 类。

1.3.1.3 生态用地规划调控方面

我国著名学者王如松（2003）探讨了城市生态用地的调控方法。邓小文等（2005）探讨了城市生态用地的估算方法及规划的一般原则。张林波等（2008）以中国经济特区深圳市为例，将景观生态概念模型与生态系统服务功能价值评估方法结合起来，在 GIS 技术的支持下，构建了城市最小生态用地空间分析模型，并分别按照保留城市面积 30%、40%、50%和 60%生态用地的 4 种情景，分析最小生态用地空间分布的合理性。姚立英等（2006）结合天津市的实际情况提出了具有地方特色的生态分类体系，并利用景观生态学的原理进行了天津市生态用地规划的空间架构和用地模式分析。俞孔坚等（2009）借助较为成熟的景观安全格局理论和方法，根据自然、生物和人文过程的分析，可判断和规划维护某种生态过程的最小生态用地（包括格局和面积）。李晓丽（2010）构建了适用于突变级数法的层次结构指标体系，对长沙市 2007 年生态用地建设的现状进行了综合分析与评价，基于现状评价结果，探讨了长沙市城市生态用地分布格局的不合理之处，在 GIS 的支持下，利用最小耗费距离模型构建了生态用地的生态廊道，并结合冲突分析，提出了城市生态用地的优化方案，形成了一套完整的城市生态用地评价系统。杨建敏等（2009）提出了生态用地控制性详细规划编制内容、单元划分、指标构建等技术方法。

1.3.1.4 生态用地管理机制方面

在生态用地征用、补偿和激励机制方面国外研究得比较深入，如英国伦敦的城市绿带（green belt）管理，美国的城市精明增长管理（smart growth management）等都有不少有关鼓励公共空间的措施，包括公共征用、法规控制和激励措施等方面的具体内容（Bengston，2004）。唐双娥等（2008）阐述了我国生态用地保护法律制度论纲，包括生态用地公产所有权制度、生态用地利用规划制度、生态用地用途管制制度和生态用地征收制度等方面。郭玲霞等（2010）从博弈论视角分无政府干预和有政府干预两种情况进行生态用地保护中各利益方的博弈分析，得出生态用地保护必须要靠政府合理干预和公众生态意识的提高。

1.3.1.5 生态用地保护实践方面

国外早在 100 多年前（1879—1895 年），奥姆斯特德和埃利奥特（Eliot）就将公园、林荫道与查尔斯河谷以及沼泽、荒地连接起来，规划了成为波士顿骄傲的“蓝宝石项链”（Emerald Necklace）（Walmsley 和 Anthony，1998；刘东云，2001；俞孔坚，2003）。林肯土地政策研究所从保护土地的生态价值出发，提出了土地开发的潜在限制性因素，将评价区域分为生态临界区域、景观文化临界区域、经济临界区域和自然灾害临界区域四类环境敏感区域。悉尼大都会区规划通过选择国家公园、自然保护区、集水区和优质农地等，确定区域土地利用的制约因素，将这些区域作为严格限制、不可发展的区域（McHarg，1997）。国外的城市非常重视生态用地的保护，生态用地比例超过 50%（表 1-3）。

表 1-3 不同国际生态用地比率表

地名	建成区人均公共绿地/m^2	城市绿地覆盖率/%	城市森林覆盖率/%	生态用地比率/%	自然保护区占国土面积的比率/%
伦敦	24.64	42	43	63	17
弗莱里（德国）	21	46	49	50	18
堪培拉	70	59	70	65	30
巴黎	19		51	48	15
巴西利亚	120	60	68	66	
温哥华	33	50	51	64	
新加坡	28	58.7	52.5	50	18

国内对生态用地的保护近期也广受关注。2005 年《人民日报海外版》（2005 年 7 月 28 日第 5 版）报道了“深圳画了个生态用地控建圈”。深圳市为“基本生态控制线”给出一个定义：“为了保障城市基本生态安全，维护生态系统的科学性、

完整性和连续性，防止城市建设无序蔓延，在尊重城市自然生态系统和合理环境承载力的前提下，根据有关法律、法规，结合本市实际情况划定的生态保护范围界线。”根据这条生态线，共有 984.7 km^2 土地列入生态保护范围，超过全市陆地总面积 1 952.8 km^2 的一半，加上现有和规划中的公园，深圳的生态用地达到 56%。控制线内主要包括六类土地：①一级水源保护区、风景名胜区、自然保护区、集中成片的基本农田保护区、森林及郊野公园；②坡度大于 25%的山地以及特区内海拔超过 50m、特区外海拔超过 80m 的高地；③主干河流、水库及湿地；④维护生态完整性的生态廊道和绿地；⑤岛屿和具有生态保护价值的海滨陆域；⑥其他需要进行基本生态控制的区域。

2010 年国务院批准的《全国土地利用总体规划纲要（2006—2020 年）》中明确提出了“按照建设环境友好型社会的要求，立足构建良好的人居环境，统筹安排生活、生态和生产用地，优先保护自然生态空间，促进生态文明发展。《纲要》提出提高生态用地比例，强调城镇建设要始终把人的需求放在首位，通过合理的用地安排，使人民生活在有利于身心健康的城镇环境中，实现经济发展和人口资源环境相协调。《纲要》进一步提出，要严格保护基础性生态用地，构建生态良好的土地利用格局。基础性生态用地是国家生态安全的重要组成部分。基础性生态用地包括天然林、天然草场和湿地等，是我国陆地生态系统的主体。基础性生态用地是国家生态安全的重要组成部分和经济社会可持续发展的重要基础。

1.3.2 生态用地演变研究进展

1.3.2.1 理论研究方面

土地特性自身的变化、土地使用者个体经济行为分析及社会群体土地管理行为分析，构成土地利用变化解释的理论框架（李秀彬，2002）。从土地特性考察，多宜性和限制性是土地利用发生变化的基本条件。竞租曲线、转移边际点以及打破土地利用空间均衡的条件分析，是土地利用变化经济分析的理论基础；“土地利用—环境效应—体制响应”反馈环的作用机制，构成社会群体土地管理行为分析的理论框架（李秀彬，2002）。

陈睿山和蔡运龙（2010）认为土地变化研究中的尺度问题多集中于数据处理、格局与过程的表征、驱动力的影响、模型运用、生态环境效应以及土地政策与可持续管理等方面。尺度问题主要产生于地理现象的异质性、地理系统的等级性、响应与反馈的非线性、干扰因素的影响及主观认识的局限等。土地变化中尺度问题研究的一般途径为尺度选择—尺度分析—尺度综合，模型有助于深刻理解土地利用系统动态，发展嵌套式模型是目前尺度综合研究中的重要内容。

严祥等（2010）总结目前土地变化驱动力分析中主要的统计方法，识别出其中亟待处理的5种尺度问题，即研究区空间幅度、空间粒度、时间幅度、时间粒度和土地分类精度5个因素变化对分析结果的影响。并且认为此5种尺度问题的本质都是数据在空间或时间上聚合对统计分析结果的影响，若缺乏妥善处理，土地变化驱动力分析的结果将表现出不真实性，可能带来两方面的风险：一是土地变化驱动力分析结果无意义；二是引导出错误的对策。

1.3.2.2 方法研究方面

目前关于生态用地演变研究方法主要有景观结构、主成分分析、组合分形模型、信息熵、CA模型和多智能体系统模型等。

万荣荣等（2005）基于遥感、GIS技术和景观生态学方法，以太湖流域为研究区域，在1985年、1995年和2000年的土地利用图基础上，分析了土地利用与景观格局演变。郭玲霞等（2011）结合主成分分析法和定性分析法研究武汉市2002—2008年生态用地面积变化的驱动因素。结果发现，研究中所选10个驱动因素均表现出与生态用地变化的显著相关性，并且均可归为一个主成分，即人类的需求。谢花林和李秀彬（2008）为增进对土地利用空间行为变化的理解，以分形理论为指导，在RS和GIS技术支持下，建立了东江源流域土地利用空间数据库，运用分形模型和提取数据对江西东江源流域土地利用空间格局的变化进行了研究。何祖慰等（2007）认为研究土地利用结构的变化反映了区域发展和人类活动的强度，是研究区域发展结构的核心内容之一，区域土地利用结构的变化是区域土地利用演变的直接体现，信息熵可以作为土地利用结构有序性的一种度量；并基于信息熵方法进行了西藏昌都地区土地利用结构熵值时序分析。赵冠伟等（2009）为了探索土地利用的多地类CA模拟方法，并掌握城市边缘区土地利用变化规律，选取典型城市边缘区——广州市花都区为研究区域，利用C#语言结合ArcEngine GIS平台编程进行花都区土地利用演变CA模拟研究。刘小平等（2006）探讨了基于多智能体系统（MAS）的城市土地利用动态变化模拟的新方法，模型是由相互作用的环境层和多智能体层组成。

1.3.2.3 实践研究方面

苏伟忠等（2007）在区域生态安全格局创建中，生态用地破碎特征及机制分析利于生态冲突、空间组织要素及模式辨识。基于生态用地和测度指标界定，在RS与GIS支持下采用土地利用矢量图描述近20年长三角地区生态用地破碎特征，并定量分析其与坡度、水面和人为干扰与补偿的关系。余新晓等（2009）采用土地资源数量变化模型和土地利用/覆被状态指数，研究了甘肃天水罗玉沟流域近20多年来土地利用/覆被的演变及驱动机制，除特殊的地形地貌和气候因素外，政策、人口增长和经济发展等因素共同驱动土地利用类型的演变。袁磊等（2010）以雅鲁藏布江（以下简称雅江）中游河谷区域为研究区，运用 RS 和 GIS 技术，对近 18 年（1990—2008 年）来该区域风沙化土地的发展趋势进行了研究。结果表明，风力吹蚀作用是河谷地区风沙化土地发展、蔓延的主要驱动因素，2000 年以后降水量的增加以及雅江日喀则和山南段开展的大规模人工造林是风沙化土地增长速度减缓的主要原因。

1.3.3 CA 和 MAS 模型在生态资源管理中的应用研究进展

1.3.3.1 CA 和 MAS 模型在土地利用变化中的应用研究进展

元胞自动机在模拟复杂空间系统是有很多优势，在一些领域正慢慢补充或取代一些从上至下的分析模型（Couclelis，1997；Li，2002）。学者们正逐渐发现基于局部个体相互作用的模型比传统的土地利用变化模型更具有优势（黎夏，2007）。但 CA 只考虑周围的自然环境，这些元胞是不能移动的。CA 几乎没有考虑到对土地利用变化起决定作用的动态社会环境及它们的相互作用，而后者包括能移动的居民、房地产商、政府等（Bennenson，2002）。为了克服 CA 的局限性，基于多智能体系统（MAS）建模的方法被引入到土地利用变化的模拟中（Bennenson，2002）。MAS 是复杂适应系统理论，人工生命以及分布式人工智能技术的融合，目前已经成为进行复杂系统分析与模拟的重要手段（Brown，2005）。多智能体系统（MAS）是目前用来分析和研究 LUCC 中人的决策行为的重要工具（Robin，2007；Parker，2003；Brown，2005；Matthews，2007）。

国外已经开展了这方面工作的研究，但还只是处于初始阶段。例如 Ligtenberg（2001）提出了一种基于多智能体和元胞自动机相结合的土地利用规划模型。Otter 等（2001）利用 MAS 和 CA 模型在探讨居民和企业的微观相互作用机制方面进行了尝试，其结论说明微观层次的空间决策规则可以产生宏观的土地利用模式。Sasaki 等（2003）将 MAS 和 CA 模型用于古典的杜能模型中，重新诠释了在市场机制下众多农民的集体行为导致同心圆这种空间格局自发地“凸显”出来。Bah 等（2006）以 Sahel 的某村庄为例，描述了驱动自然资源变化的自然因素和驱动土地利用变化的社会经济因素交互作用的 ABM 实现过程。Torrens 等（2005）、Box（2002）也都曾探讨过 MAS 和 CA 的技术整合问题，看来这是一个发展趋势。目前，英国高级空间分析中心（CASA）正与美国华盛顿大学合作开展 Sprawl Sim 研究项目，旨在开发一个虚拟实验环境以探索美国城市蔓延的成因、机制、特性及调控手段，其基本的空间模拟技术强调交通与土地利用模型、MAS、CA、3D 可视化等方面的综合集成。

在土地利用规划应用方面，Ward（1999）运用优化元胞自动机模型对东澳大利亚（Eastern Austrian）的土地利用可持续发展进行了模拟。Stevens 等（2007）探讨了基于 GIS 和 CA 的城市规划决策模型。Strange 等（2002）发展了一种基于元胞自动机（CA）的进化优化算法，它能有效解决造林规划的空间决策问题。Mathey 等（2005）通过设计一种基于 CA 的进化算法除反映森林景观规划的空间方面外，还体现森林景观规划的时间方面。Mathey 等（2007a，2007b）整合了时间和空间目标探索了一种协同演化的元胞自动机模型用于空间显现自然动态过程的森林规划。Valbuena（2010）基于多主体系统进行在区域尺度上进行土地利用变化与规划的模拟研究。Ligtenberg（2010）进一步论述了基于多主体模型进行空间规划的验证问题。

近年来，国内也有部分学者开始尝试运用多主体系统（MAS）和元胞自动机（CA）探讨土地利用规划与调控的问题。黎夏和叶嘉安（1999）通过约束性元胞自动机模型对珠江三角洲地区的可持续城市发展形态进行了模拟和规划。刘小平等（2006）提出了结合多智能体及元胞自动机的微观规划模型，在时间和空间上合理分配及规划城市土地资源的利用，以避免浪费不可再生的土地资源。苏伟（2006）在综合使用“自上而下”的灰色线性规划（GLP）方法和“自下而上”的元胞自动机（CA）方法的基础上，建立了土地利用格局优化模拟模型，进行了中国北方农牧交错带生态安全条件下的土地利用格局优化模拟研究。黎夏等（2007）基于环境约束性 CA、城市形态约束性 CA 和发展密度约束性 CA 分别建立了三种约束性 CA 模型，进行了东莞市的土地可持续发展规划研究，为城市规划提供了决策依据。杨小雄（2007）探讨了元胞自动机模型在政策及相关规划约束、邻域耦合、适宜性约束、继承性约束及土地利用规划指标约束下的土地利用规划布局的元胞自动机模型，并以广西东兴市为例进行了模型的仿真研究。邱炳文等（2008）集成灰色预测模型、多目标决策模型、元胞自动机模型、地理信息系统技术方法，建立了土地利用变化预测模型，该模型将土地利用系统作为一个整体，兼顾到区域宏观水平上的土地利用需求与局部尺度上的土地利用适宜性，能够较好地同时模拟不同土地利用类型以及不同人类决策情景下的土地利用转换概率，有助于理解土地利用多尺度复杂系统。杨娟等（2010）在充分挖掘数据的前提下，使多要素共同转化为 CA-Markov 模型的转化规则，分别模拟出了三种规划方案下的眉山市东坡区土地利用数量及空间变化情景。

1.3.3.2 CA 和 MAS 模型在自然资源管理中的应用研究进展

人类的频繁活动已经使得自然界资源的变化越来越加剧，对自然资源的空间格局、时间演变和相互关系的研究显得十分重要。以往的研究方法就是基于牛顿的平衡态理论，但在大多数情况下，常规的模型或一般的数学公式都很难对此进行表达。而在对资源环境的研究中，如果引入多智能系统（MAS），则微观 Agent 的行为和交互作用所表现出来的全局行为为非线性的方式涌现出来，从而可以较好地表现出自然资源和环境系统的复杂性和非线性。多智能体系统“与生俱来”的智能性、适应性、交互性、主动性特别适合模拟各种政策或者个人决策问题，可以为自然资源的可持续利用提供最优决策。

目前运用较多的领域是运用多智能体系统来理解或解决“公共池塘”（Common-pool）资源管理问题。研究的焦点集中于何种政策制定的规定会直接影响个体的决策并由此所导致的整体收益变化问题。L.R.Izuierdo（2003）提出了一个基于多智能体系统（MAS）的水资源管理模型，这个模型结合经济学博弈论和多智能体系统，探讨了政府制定何种政策才能使水资源的使用达到效益最大化，模型中牵涉社会经济与各种角色扮演者（政府、水源使用者）的相互影响。Becu 等（2003）建立了基于 Agent 的 CATCHSCAPE 模型，用于考察流域内的水力学、农户行为和水管理措施，并在泰国北部得到应用。Bousquet（2004）探讨了多智能体系统 MAS 在生态系统管理的应用。刘小平和黎夏等（2007）探讨了如何通过“生态位”元胞自动机和 GIS 的结合进行城市土地可持续利用的规划。王涛（2009）以 Agent 强化学习（Reinforcement Learning）模型框架为基础，选择政策、市场、Agent 自身及与其他 Agent 相互作用、土壤肥沃程度等因素作为 Agent 对环境认识的基础，结合环境反馈值，初步构建了农户土地利用行为决策模型。陈海（2009）以陕西省米脂县孟岔村为例，通过对多主体决策的模拟，来探讨 MAS 在微观层面土地利用变化过程中的应用，揭示农户土地利用决策变化的机制。

1.4 研究目的和研究内容

1.4.1 研究目的

（1）通过系统地探讨区域生态用地演变与调控模拟的分析方法，为开展区域生态用地管理研究提供理论和技术支撑。

（2）通过京津冀地区的实践研究，掌握京津冀地区生态用地演变的规律，为政府对区域生态用地的调控管理提供依据，有利于维护区域生态系统健康和安全，为区域土地利用变化生态效应研究提供可供参考的案例。

（3）为区域生态用地保护方案的科学制定提供理论依据，促进区域人类社会经济和生态环境的协调发展。

1.4.2 研究内容

区域生态用地的演变机制与调控模拟研究是一项复杂的系统工程，需要综合应用土地科学、地理学、景观生态学、地球信息科学、可持续发展等相关学科的理论和方法，结合我国土地资源状况和国情特点，并通过实证研究对其进行说明和检验。本研究的主要内容包括：区域生态景观格局的动态变化分析、基于 ESDA 的区域县域尺度生态用地空间变化差异分析、基于 Logistic 回归模型的区域生态用地演变驱动因素分析、基于 GIS 的区域关键性生态用地空间结构识别方法和基于元胞自动机模型的区域生态用地调控模拟研究。

（1）区域生态景观格局的动态变化分析

本部分主要以 20 世纪 80 年代、2000 年、2005 年三期土地利用现状图为基础，运用景观动态度、景观类型转移概率矩阵、景观类型转入/转出贡献率和景观格局指数等分析方法，从时间尺度和空间尺度上探讨京津冀地区生态景观格局的动态变化特征，揭示生态景观变化的规律和机制，为人类定向影响生态环境并使之向良性方向演化提供依据。

（2）基于 ESDA 的区域县域尺度生态用地空间变化差异分析

由于传统的生态用地资源变化空间差异测度方法大都假设研究的空间实体之间是相互独立的，对其空间关系考虑较少，难以真正反映出其变化的区域总体差异与局部空间异质性如何。因此本部分以县域尺度为基本研究单元，探讨运用 ESDA 方法分析区域生态用地数量变化的空间关联与异质性，为有针对性地制定生态用地保护对策提供依据。

（3）基于 Logistic 回归模型的区域生态用地演变驱动因素分析

土地利用变化的空间显式模型是定量描述变化过程和检验我们理解这些过程的重要技术。土地利用变化模拟的目的是预测变化的空间格局。因此，本部分的研究目标是：一是探讨如何建立一个空间上的 Logistic 回归模型去发现京津冀地区生态用地变化不同过程的可能原因，这一模型考虑了生态用地变化过程空间变异性；二是通过 Logistic 回归的原理，探讨这样的一个空间上的统计分析识别能在多大程度上理解生态用地变化的驱动力。

（4）基于 GIS 的区域关键性生态用地空间结构识别方法研究

区域关键性生态用地承担着维护生命土地的安全和健康的关键使命，并为社会提供持续不断的生态空间服务，是区域土地生态系统能持续地提供自然空间服务的基本保障。因此本部分以京津冀地区为案例区，基于 GIS 技术，从水资源安全、生物多样性保护、灾害规避与防护和自然游憩 4 个方面，通过构建空间尺度上的生态用地重要性综合指数，提出区域关键性生态用地空间结构识别方法，为区域生态系统的有效管理和基本的国土生态屏障建立提供理论依据和参考方法。

（5）基于元胞自动机模型的区域生态用地调控模拟研究

本部分主要根据区域历史年份的土地利用现状图，构建土地利用变化的元胞自动机模型，并进行模型的检验。在此基础上，运用情景分析方法，模拟自然发展情景、目标导向（建设用地优先和耕地保护）情景、生态优先情景等不同情景下区域2020年生态用地的调控格局，从是否保护重要的生态用地和空间连续性等方面评估不同政策下的调控效果，为地方政府的生态管理提供决策依据，有利于丰富区域生态安全的空间策略研究，维护京津冀地区生态系统健康和区域可持续发展。

1.5 技术路线与研究方法

1.5.1 技术路线

区域生态用地的演变机制与调控模拟研究的技术路线遵循演变特征→驱动机制→调控模拟模型构建→调控模拟→对策建议的过程（图1-1）。

1.5.2 研究方法

结合土地科学、地理学和生态学理论的最新成果和发展动态，力求站在土地利用/土地覆被变化（LUCC）研究理论和实践的前沿，探讨区域生态用地的演变与调控问题。依据上述思路进行研究时采用了比较严谨的科学方法，这些方法主要包括：

（1）系统分析法

系统分析（system analysis）是把研究对象视为系统的一种研究和解决问题的方法。根据系统分析的一般原理，土地利用系统的目标，应是多目标的综合，是经济效益、社会效益、生态效益三者之间矛盾的统一。同时区域生态用地演变与调控技术方法研究面对的问题非常复杂，既需要面对土地利用及其规划的问题，也要面对水环境、生物多样性、自然灾害等环境问题；既需要熟悉土地利用规划的理论方法，又需要地理学、可持续发展理论、景观生态学、地球信息科学等基础知识，在研究的过程中，针对区域生态用地演变与调控的技术方法的问题，基本上做到了充分吸收相关学科的研究成果，并对其进行细致的分析和综合。

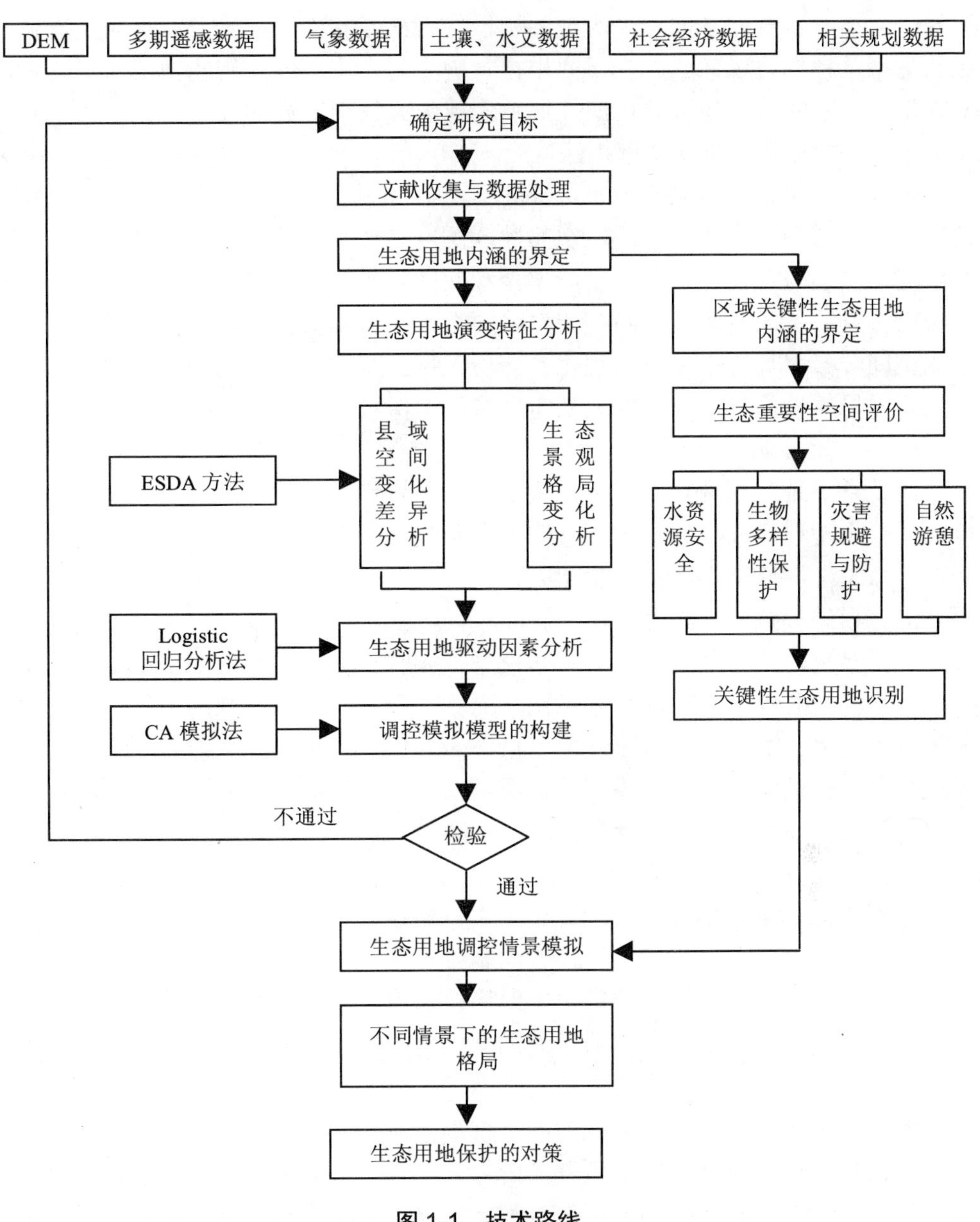

图 1-1 技术路线

（2）景观指数分析法

土地利用格局及其变化是自然的和人为的多种因素相互作用所产生的一定区

域生态环境体系的综合反映，其特征具有显著的时间性和空间性，景观的类型、形状、大小、数量和空间综合既是各种干扰因素互相作用的结果，又影响着该区域的生态过程和边缘效应。本研究根据景观生态学中不同景观指数的含义，运用景观生态学中的格局指数分析法，揭示区域生态景观格局的变化特征。

（3）ESDA 空间统计学分析法

ESDA（exploratory spatial data analysis，探索性空间数据分析）是一系列空间数据分析方法和技术的集合，以空间关联测度为核心，通过对事物或现象空间分布格局的描述与可视化，发现空间集聚和空间异常，揭示研究对象之间的空间相互作用机制。本研究运用空间统计学中的 ESDA 分析方法，通过对县域生态用地变化空间分布格局的描述与可视化，分析区域县域尺度上生态用地数量变化的空间关联与异质性，为有针对性地制定生态用地保护对策提供依据。

（4）多元 Logistic 回归统计分析法

为了从土地利用变化格局中，人们能够更好地理解生态利用变化是怎样发生以及为什么是这样发生的。本部分运用多元统计分析中的 Logistic 回归的原理，探讨区域生态用地空间演变的驱动因素。

（5）模型模拟法

作为具有时空特征的离散动力学模型，元胞自动机（Cellular automata）不仅可以用来模拟和分析一般的复杂系统，而且对于具有空间特征的土地利用复杂系统更具有优势。本部分利用约束性元胞自动机（CA）模型的基本框架，构建区域土地利用变化的元胞自动机模型，根据需要将现有模型进行修改。并应用数学手段进行参数敏感性分析、模型和数据的不确定分析。

（6）情景分析法

生态用地的未来格局取决于各个因素，包括人们在哪里以及怎样建立家园，在哪里设立新的工业，在哪里铺设新的基础设施以支持城市化发展，以及是否保留一些土地，如果是，那么哪里的土地将被保留等（Carl，2003）。

之所以使用情景研究法，最重要的原因是它有益于决策过程。有关官员和行政管理人员可以使用这种方法来检测当前的规划理念和调查公众关注的问题。土地所有者可以通过情景分析展现的多解规划方案预测地区变化可能对土地产生的影响。情景分析也可评价产权所有者的行为和地方、区域及国家政府政策对区域环境可能产生的影响（Carl，2003）。对于社区的每一个成员而言，情景分析可以帮助他们更好地理解今天的决策或决策失误是如何共同发生作用而改变未来的。通过情景分析法，社区可以对几种可选方案的相关影响进行评价。重点发展一部分土地的政策有何优、缺点？只集中发展某个地区的部分土地而不是在区域内平衡土地的政策有何长处和短处？不平等对待不同政策的方案有何效果？尽管资源有限而为复杂的，居民和有关官员应当有能力解决诸如此类的问题。

多解规划情景分析法提供了这样一种工具，使得决策可以制定得更加科学，未来可以建设得更加美好。因此本部分运用情景分析法，模拟不同情景下的生态用地调控格局，为政府的生态用地保护与管理提供决策依据。

参考文献

[1] 李秀彬. 全球环境变化研究的核心领域：土地利用/土地覆盖变化的国际研究动向. 地理学报，1996，51（5）：553-558.

[2] 苏伟忠，杨桂山，甄峰. 长江三角洲生态用地破碎度及其城市化关联. 地理学报，2007，62（12）：1309-1317.

[3] 王如松，周启星，胡聘. 城市生态调控方法. 北京：气象出版社，2003.

[4] 张红旗，王立新，贾宝全，等. 西北干旱区生态用地概念及其功能分类研究. 中国生态农业学报，2004，12（2）：5-8.

[5] 岳健，张雪梅. 关于我国土地利用分类问题的讨论. 干旱区地理，2003，26（1）：78-88.

[6] 苏伟忠，杨桂山，甄峰. 生态用地破碎度及演化机制——以长江三角洲为例. 城市问题，2007，146（9）：7-11.

[7] 柏益尧，李海莉，程志光，等. 生态用地与“三地平衡”. 《环境污染与防治》网络版，2005.

[8] 邓小文. 城市生态用地分类及其规划的一般原则. 应用生态学报，2005（16）：2003-2006.

[9] 王振健，李如雪. 城市生态用地分类、功能及其保护利用研究——以山东聊城市为例. 水土保持研究，2006，13（6）：306-308.

[10] 张颖，王群，李边疆，等. 应用碳氧平衡法测算生态用地需求量实证研究. 中国土地科学，2007，27（2）：23-28.

[11] 张林波，李伟涛，王维. 基于GIS的城市最小生态用地空间分析模型研究——以深圳市为例. 自然资源学报，2008，23（1）：69-78.

[12] 姚立英，黄浩云，沈伟然，等. 应用景观生态学进行天津市生态用地规划. 中国环境科学学会学术年会优秀论文集，2006，838-842.

[13] 黎夏，叶嘉安，刘小平，等. 地理模拟系统：元胞自动机与多智能体. 北京：科学出版社，2007.

[14] 杨青生，黎夏. 多智能体与元胞自动机结合及城市用地扩张模拟. 地理科学，2007，27(4)：245-845.

[15] 刘小平，黎夏，艾彬，等. 基于多智能体的土地利用模拟与规划模型. 地理学报，2006，61（10）：1101-1112.

[16] 撒力，熊范纶. 一个基于 Swarm 的人工生态系统模型. 系统仿真学报，2005，17（3）：714-717.

[17] 刘小平，黎夏，彭晓鹃. “生态位”元胞自动机在土地可持续规划模型中的应用. 生态学报，2007，27（6）：2391-2402.

[18] 黎夏，杨青生，刘小平. 基于 CA 的城市演变的知识挖掘及规划情景模拟. 中国科学（D辑），2007，37（9）：1242-1251.

[19] 廖富强，刘影，叶慕亚. 鄱阳湖典型湿地生态环境脆弱性评价及压力分析. 长江流域资源与环境，2008，17（1）：133-137.

[20] 邓红兵，陈春娣，刘昕. 区域生态用地的概念及分类. 生态学报，2009，29（3）：1519-1524.

[21] 俞孔坚，乔青，李迪华，等. 基于景观安全格局分析的生态用地研究——以北京市东三乡为例. 应用生态学报，2009，20（8）：1932-1939.

[22] 陈海，王涛，梁小英，等. 基于 MAS 的农户土地利用模型构建与模拟——以陕西省米脂县孟岔村为例. 地理学报，2009，64（12）：1448-1456.

[23] 王涛，陈海，白红英，等. 基于 Agent 建模的农户土地利用行为模拟研究. 自然资源学报，2009，24（12）：2056-2066.

[24] 刘昕，谷雨，邓红兵. 江西省生态用地保护重要性评价研究. 中国环境科学，2010，30（5）：716-720.

[25] 唐双娥，郑太福. 我国生态用地保护法律制度论纲. 法学杂志，2008（5）：138-140.

[26] 唐双娥. 法学视角下生态用地的内涵与外延. 生态经济，2009，213（7）：190-193.

[27] 郭玲霞，黄朝禧. 博弈论视角下的生态用地保护. 广东土地科学，2010，9（3）：30-33.

[28] 王利文.中国北方农牧交错带生态用地变化对农业经济的影响分析. 中国农村经济，2009（4）：80-85.

[29] 贾宝全，王成，仇宽彪. 武汉市生态用地发展潜力分析. 城市环境与城市生态，2010，23（5）：10-13.

[30] 周炎，蔡学成，谢元贵，等. 典型岩溶地区生态用地研究——以清镇市为例. 中国土地科学，2006，20（5）：38- 42.

[31] 韩学敏，濮励杰，朱明，等. 环太湖地区有效生态用地面积的测算分析. 中国农学通报，2010，26（22）：301-305.

[32] 张德平，李德重，刘克顺. 规划修编，别落了生态用地. 中国土地，2006（12）：26-27.

[33] 杨建敏，马晓首，董秀英. 生态用地控制性详细规划编制技术初探——以天津滨海新区外围生态用地为例. 城市规划，2009（33）：21-25.

[34] 李晓丽，曾光明，石林，等. 长沙市城市生态用地的定量分析及优化. 应用生态学报，2010，21（2）： 415-421.

[35] 曾招兵，陈效民，李英升，等. 上海市青浦区生态用地建设评价指标体系研究. 中国农学通报，2007，23（11）：328-332.

[36] 范学忠，李玉辉，角媛梅. 昆明市生态红线区非生态用地转变前后生态效益分析. 水土保持研究，2008（4）：179-183.

[37] 范学忠，李玉辉，角媛梅. 昆明市生态红线区非生态用地转变前后生态效益分析. 水土保持研究，2008（4）：179-183.

[38] 陈婧，史培军. 土地利用功能分类探讨. 北京师范大学学报（自然科学版），2005，41（5）：536-540.

[39] 林肯土地政策研究所. 土地规划管理. 北京：中国大地出版社，2003.

[40] 俞孔坚，李迪华. 城市景观之路——与市长们交流. 北京：中国建筑工业出版社，2003.

[41] 刘东云，周波. 景观规划的杰作——从“翡翠项链”到英格兰地区的绿色通道规划. 中国园林，2001（3）：59-61.

[42] 刘小平，黎夏，艾彬，等. 基于多智能体的土地利用模拟与规划模型. 地理学报，2006，21（10）：1101-1112.

[43] 苏伟，陈云浩，武永峰，等. 生态安全条件下的土地利用格局优化模拟研究. 自然科学进展，2006，16（2）：207-214.

[44] 杨小雄，刘耀林，王晓红. 基于约束条件的元胞自动机土地利用规划布局模型. 武汉大学学报. 信息科学版，2007，32（12）：1164-1167.

[45] 邱炳文，陈崇成. 基于多目标决策和模型的土地利用变化预测模型及其应用. 地理学报，2008，63（2）：165-174.

[46] 杨娟，王昌全，夏建国，等. 基于元胞自动机的土地利用空间规划辅助研究——以眉山市东坡区为例. 土壤学报，2010，47（5）：847-856.

[47] 李秀彬. 土地利用变化的解释. 地理科学进展，2002，21（3）：195-203.

[48] 陈睿山，蔡运龙. 土地变化科学中的尺度问题与解决途径. 地理研究，2010，29（7）：1244-1256.

[49] 严祥，蔡运龙，陈睿山，等. 土地变化驱动力研究的尺度问题. 地理科学进展，2010，29（11）：1408-1413.

[50] 万荣荣，杨桂山. 太湖流域土地利用与景观格局演变研究. 应用生态学报，2005，16（3）：475-480.

[51] 郭玲霞，黄朝禧. 基于主成分分析法的武汉市生态用地变化驱动研究. 天津农业科学，2011，17（2）：37-41.

[52] 谢花林，李秀彬. 基于分形理论的土地利用空间行为特征分析——以江西东江源流域为例. 资源科学，2008，28（12）：1866-1872.

[53] 何祖慰，杨忠，罗辑. 西藏昌都地区土地利用结构熵值时序分析. 长江流域资源与环境，2007，16（2）：192-195.

[54] 赵冠伟，龚建周，谢建华，等. 基于CA模型的城市边缘区土地利用演变模拟——以广州市花都区为例. 中国土地科学，2009，23（12）：56-62.

[55] 刘小平，黎夏，叶嘉安. 基于多智能体系统的空间决策行为及土地利用格局演变的模拟. 中国科学D辑地球科学，2006，36（11）：1027-1036.

[56] 余新晓，张晓明，牛丽丽，等. 黄土高原流域土地利用/覆被动态演变及驱动力分析. 农业工程学报，2009，25（7）：219-225.

[57] 袁磊，沈渭寿，李海东，等. 雅鲁藏布江中游河谷区域风沙化土地演变趋势及驱动因素. 生态与农村环境学报，2010，26（4）：301-305.

[58] Bengston D N，Fletcher J O，Nelson K C. Public policies for managing urban growth and protecting open space：policy instruments and lessons learned in the United States. Landscape and Urban Planning，2004，69：271-286.

[59] Couclelis H. From cellular automata to urban models：new principles of model development and implementation. Environment and Planning，1997，24：165-174.

[60] Li X，Yeh A G O. Neural-network-based cellular automata for simulating multiple land use changes using GIS. International journal geographical information science，2002，16（4）：323-343.

[61] Bennenson I. Entity-based modeling of urban residential dynamics：the case of Yaffo，Tel Aviv. Environment and planning，2002，29：491-512.

[62] Brown D G，Page S，Riolo，R，Zellner M，Rand W. Path dependence and the validation of agent-based spatial models of land use. Int. J. Geogr. Inf. Sci.，2005，19（2）：153-174.

[63] Robin B. Matthews Nigel G. Gilbert. Agent-based land-use models：a review of applications. Landscape Ecol.，2007，22：1447-1459.

[64] Parker，D.C.，Manson，S.M.，Janssen，M.A.，et al. Multiagent systems for the simulation of land-use and land-cover change：a review. Annals of the Association of American Geographers，2003，93：314-337.

[65] Brown，D.G. Agent-based models. In：Geist，H.J.（Ed.），Our Earth’s Changing Land：An Encyclopedia of Land-Use and Land-Cover Change. Greenwood Press，2005.

[66] Matthews，R.，Gilbert，N.，Roach，A.，Polhill，J.，et al. Agent-based land-use models：a review of applications. Landscape Ecology，2007，22：1447-1459.

第 2 章

区域生态用地演变与调控研究的基础理论

2.1 人地关系协调理论

2.1.1 人地关系协调的内涵

地球表层的地理环境在人类出现以前处于纯自然状态，而在人类出现以后，自然界便开始从自然状态向自然和人类相互作用的状态进行转化。整个人类的历史，实际上是人、自然界和社会相互作用的历史。

人地关系是人们对人类与地理环境之间关系的一种简称。对它的经典解释是人类社会及其活动与自然环境之间的关系。也就是说，在经典的解释中地理环境和自然环境是同义语；人地关系的非经典解释认为，人地关系是指人类社会的生存与发展或人类活动与地理环境（广义的）的关系。这里的地理环境被认为是由自然和人文要素按照一定的规律相互交织、紧密结合而成的地理环境整体（吴传钧，1991）。

德国地理学家拉采尔是人地关系经典解释的奠基人，他创立的“人地学”受达尔文“进化论”生态学的影响，把生物与环境的关系类推为人类与自然环境的关系。美国学者巴罗斯于 1924 年提出了适应论的观点，强调人地关系中人对环境的认识和适应。在此基础上，同时代的英国学者罗士培发展了这种思想。他认为人地关系应包括两方面的含义：一是人们对其周围自然环境的适应；二是一定区域内人和自然环境之间的相互作用。在此基础上他首先提出了“协调”的思想，即人类需要互动地、不断地适应于环境对人类的限制，而这种“适应”实际上是一种不断的调整，是人类有意识地对人地关系的协调。

人地关系的非经典解释把人类活动的产物——社会、经济、文化作为地理环境（广义）的一部分，研究人类社会的生存与发展或人类活动与地理环境（广义）的关系，是属于另一种生态类推，即生物生长与发育和环境关系的类推。人文地理学的文化地理、社会地理、政治地理等可视为类似“土壤的生态”的研究。由此界定的人地关系的协调，无疑使协调的内容更为深刻、丰富（卓玛措，2005）。

协调论思想产生以后很快受到各国学者的认同和发展。20 世纪 60 年代以后，自然和人文的统一在世界上再次得到确认。70 年代以后由于世界人口急剧增加，各种资源的日益减少和匮乏，以及人们对自然环境越来越密切的关注。所以协调论作为一种新型的人地观，普遍为人们所接受，可持续发展观可以说是人地协调论的进一步发展（卓玛措，2000）。如何协调地理环境和人类活动的关系，已成为区域开发面临的主要研究任务。

人地关系协调的内涵可以概括为三层意思：一是在人地关系中人类利用自然界时要保持自然界的平衡与协调。二是在开发利用自然的过程中要保持人类与自然环境之间的平衡与协调。三是在人地关系中人类要保持自身的平衡与协调。

2.1.2 人地相互作用机制

人类社会的发展，是人类与自然（环境）相互作用、互生转化的结果。单纯的自然规律和社会规律都不能体现出人地关系的本质和规律性，只有从对自然规律和社会规律整合机制的探讨中，才有可能透彻地把握人地关系的本质属性。

从人对地的作用看，它体现在人类通过各种经济、社会活动对自然资源、环境系统施加影响，这种影响可以分为三个层次（龚胜生，2000）：直接利用，改造利用和适应。直接利用指人类消费环境生产提供的可再生性生活资源并在生活资源消费过程中返还环境消费废弃物；改造利用指人类对环境生产提供的非再生性生产资源的间接利用，它在人的生产和环境生产之间插入了一个中间环节——物质生产，通过物质生产将环境生产提供的生产资源转变成生活资料以供消费，将无法利用的加工废弃物返回环境；适应指人类对不能直接利用和改造利用的环境要素和自然规律自觉或不自觉地顺从与适应，如适应不同自然条件形成不同的生产方式，适应季节变化发展季节农业等。

从地对人的作用看，它体现在自然的资源、环境系统对人类本身及其经济、社会活动的影响，可以分为两个层次（龚胜生，2000）：固有影响和反馈作用。固有影响指自然（环境）系统固有的，不以人的意志为转移的影响，如地震、火山喷发等；反馈作用指自然（环境）系统对施加于其上的人类行为进行的反馈，地对人的反馈作用往往具有消极性和滞后性。

人类社会的发展，正是这种双向生成、关联互动、循环扩展的统一，它构成了人地相互作用的内部机制。一方面，人的本质力量不断聚集并体现在作为活动对象的客体环境上，从而形成兼具人类特征的新的自然过程，使自然规律包含了社会规律的作用成分；另一方面，人类是自然界的一部分，是自然环境发展的产物，自然规律在人类社会的发展中始终起着基础作用。

2.1.3 人地相互协调的原理

人地系统的复杂性和多反馈性，决定了人地相互协调的复杂性和多路径选择性，其中，有四个原理是我们协调人地关系时必须遵循的：

（1）能动调控原理。在人地关系相互作用的过程中，人具有主观能动性，可以按照客观规律调整自身与自然（土地）之间的关系，从而达到同步协调、和谐相处的目标。

（2）约束优化原理。人地关系的优化是有条件的。不同时期，不同地域的人地关系存在差异性。同时，人类要规范、控制和约束自身的行为才能达到优化的目的。

（3）主变量支配原理。人地系统尽管复杂，涉及因素很多，但在临界点附近起关键作用的变量不多，可通过消除一些次要变量，由主变量支配整个系统。

（4）关联性原理。人地系统的非线性反馈作用，导致人类与自然（土地）相互依存，相互关联，这是人地关系可调控的基础。

2.1.4 人地关系协调发展的主要内容

（1）人地关系协调目标的综合性。人地关系协调目标是由多元指标构成的综合性战略目标，有别于传统发展模式中追求单一经济增长速度的弊端，强调社会经济发展的同时，要把改善生态条件、合理利用自然资源、提高环境质量以及由此涉及的生态、社会指标都纳入社会经济发展的指标体系中。

（2）经济增长与生态环境建设同步发展的模式。经济发展是主导，只有经济的发展，才能提高人类保护环境的能力；但经济发展的同时，必须重视生态环境建设，以生态系统的总体制约力为限度。

（3）区域自然资源的合理开发和充分利用。资源是经济发展的物质基础，人类对资源的利用，应在利用与保护、消费与增值的统一中进行。在经济发展中考虑不同性质自然资源的特殊性，采取有利于维护自然资源总体使用价值的开发、利用方式，并创造有益于自然资源再生产的条件，合理利用可更新资源，科学利用不可更新资源，因地制宜，取长补短，使自然资源得到充分和永续利用。

（4）整治生态环境，使生态系统实现良性循环。人类在社会经济活动中所需要的物质和能量，都直接或间接地来源于生态环境系统，人类对生态环境的干预和影响，不能超越生态环境系统自我调节机制所允许的限度。同时，采取措施，整治生态环境，引导生态系统实现良性循环。

2.2 系统论和控制论

2.2.1 系统论

人类社会是一个巨大的经济环境复合系统，包括社会、经济、环境等诸多方面，这些因素之间都不是孤立的，而是存在着广泛的、多层次的相互联系，同时，这些因素按照一定的结构进行组合，并表现出一定的功能。“系统”一词源于拉丁语“systema”，是由“共同的（sys-）”和“使定位（tema）”构成的复合词，表示“集合”的概念。从汉语的意义来看，“系统”的“系”指组成系统各要素之间的联系，“统”指各要素组成为一个统一的有机整体。

所以，系统论是在强调整体有机性的基础上，直接针对机械论的单一化倾向建立起来的。系统论的创始人贝塔朗菲在描述 19 世纪的科学图景时说：“科学的唯一目的是分析，也就是把类再分解成最小单位，分解成孤立的单个的因果系列。因此，物理世界被分解成为质子和原子，生命有机体被分解成为细胞……上述的关于近代科学的特征，即那种孤立单元按单向的因果方式起作用的图景，现在已证明是不够的”。因此，“必须按照相互作用的组成部分的系统”来进行思维。他把系统定义为：“处于一定的相互关系中的并与环境发生联系的各组成部分（要素）的总体（集合）”（贝塔朗菲，1981）。归纳起来，系统论具有以下几个基本观点：

（1）系统的整体性。系统是由两个以上的要素组成的整体，系统的整体性通常表述为“系统的整体不等于它各部分的总和。”它包含两个方面的含义：一是系统的性质、功能和运动规律不同于它的组成要素的性质、功能和运动规律；二是作为系统整体中的组成要素具有它自身不具备的整体性。整体性观点要求我们在进行问题研究时要从整体出发，从全局考虑。

（2）系统的相关性。系统的要素、环境都是相互联系、相互作用、相互依存、相互制约的，这种特征称为“相关性”或“关联性”。系统之所以运动，并具有整体功能就在于系统与要素、要素与要素、系统与环境之间存在着相互联系、相互作用关系。

（3）系统的结构性。系统的结构是系统保持整体性及具有一定功能的内在根据，指系统内部各要素相互联系、相互作用的方式和秩序。系统内部各要素的稳定联系形成有序的结构，才能保持系统的整体性。结构和功能之间存在着辩证的关系，它表现在：一定的结构总是表现出一定的功能，一定的功能总是由一定的结构单元产生的；同时，功能也可以反作用于结构。功能与结构相比，功能是比较活跃的因素，而结构是比较稳定的因素。结构与功能的辩证关系为人们认识和调控土地利用系统提供了重要的原则和方法：（a）研究事物的结构是探索事物规律的基础；（b）优良的结构可以保持优良的功能；（c）改变结构从而改变功能以满足人的需要。

（4）系统的层次性。一方面，系统由一定的要素组成，这些要素又是更小一层要素的子系统；另一方面，系统本身又是更大系统的组成要素，这就是系统的层次性。层次性观点要求我们在研究区域土地利用系统时，注意整体与层次、层次与层次之间的相互制约关系。

（5）系统的动态性。系统的动态性是指系统自身及其环境都处于不断运动、发展、变化的过程中。动态性观点要求我们要用发展变化的观点研究区域土地利用系统，善于在动态中平衡系统，调控系统运动的过程，以便充分发挥系统的效益。

（6）系统的目的性。任何系统都是由其要素按一定的目的组成的，主要表现为客体系统在和环境发生作用的时候，总是通过反馈不断调整自己的行为使其达到某一目标。系统论把目的性与有序性联系起来，认为开放系统之所以朝有序方向运动，原因是有序方向正好是系统追求的目标方向。目的性观点要求我们在调控区域土地利用系统运行时，一定要把握系统运动的目标。

（7）系统的环境适应性。系统表现出的功能是系统本身与环境共同决定的。在一定条件下，外部环境影响系统的结构、有序度和功能。系统的环境适应性要求在调控土地利用系统运行时，不仅要注意系统内各要素之间的调节，还要考虑系统与环境的关系。只有系统内部关系和外部关系相互协调统一，才能全面发挥其功能，保证系统整体向优化方向发展。

系统学理论可以从系统的角度揭示客观事物和现象之间相互联系、相互作用的共同本质和内在规律性（魏宏森，1995；朴昌根，1998）。土地资源的开发利用与经济发展、社会进步和环境建设息息相关，合理的土地利用方式，可以促进社会经济的发展，改善人类的生存环境，不合理的土地利用方式，则会阻碍社会经济发展的速度，造成生态环境的破坏；同时，社会经济的发展和生态环境建设的需要，也会促使人类改变原有的土地利用方式和土地利用强度。这种土地利用与土地利用需求之间的相互作用、相互影响、相互制约的关系，是一种复杂的、动态的、不确定的、多尺度的、开放性的关系。土地利用系统是经过长期进化发展的一种自然—经济—社会复合生物生产系统，具有自己的边界、结构和功能（刘黎明，2004）。因此，系统学的一般理论、灰色系统理论、模糊系统理论、非线性系统理论等对于土地利用规划环境影响评价的研究和实践具有重要的指导意义。

2.2.2 控制论

控制论是研究人们如何对事物内在运行机制进行揭示，并通过干预使事物按照人们预定的标准或最佳的方式运行的理论。它的诞生以美国数学家诺伯特·维纳（Wiener）20 世纪 40 年代发表的专著《控制论（或关于在动物和机器中控制和通讯的科学）》为标志。控制论到目前为止已经经历了三个主要的发展时期：以单因素控制为研究对象的经典控制理论时期，以多因素控制为研究对象的现代控制理论时期，以及以大系统为研究重点的大系统控制理论时期，由此控制的方法也从反馈控制、最优控制发展到大系统多级递阶控制，并逐步应用于经济、社会、生态、环境和管理等领域。现代控制论在实践中与技术科学、基础科学、社会科学和思维科学相结合，形成了以理论控制论为中心，包括工程控制论、生物控制论、社会控制论和智能控制论四大分支的庞大学科体系。

控制论的一个基本特征就是在变化的过程中考察系统，这样一来就从根本上改变了研究系统的方法。控制论认为，任何事物的发展都存在着多种多样的可能性，因而具有一定的可能性空间。至于事物具体会发展成为可能性空间中的哪一种状态，则取决于外部条件。人们可以通过改变和创造条件，使事物在可能性空间内沿着确定的方向（或状态）发展。因此，控制的概念不仅与人类的选择有关，而且与事物发展变化的可能性空间有关，理想的控制结果是事物发展变化的可能性与人类选择目标的统一。

人类对系统（事物）的控制并非总是能达到理想状况，所采取的控制手段并不一定能达到预期的目标，控制过程也是不断认识系统（事物）的过程。

对系统（事物）发展变化机制的揭示，有助于有的放矢地进行控制。所以，在运用控制论的基本原理和方法对区域土地利用系统进行调控时，必须具备三个必要条件：

（1）被控对象具有多种发展变化的可能性空间。被控制对象的可能性空间是被控对象在发展变化中面临的各种可能性的集合，被控对象变化的不确定程度取决于可能性空间的大小，可能性空间越大，不确定性就越大，可能性空间越小，不确定性则越小。

（2）目标状态在各种可能性中是可选择的。控制归根结底是一个在事物可能性空间中进行有方向的选择过程，是实现事物有目的变化的活动。因此目标状态在各种可能性中应是可选择的。

（3）具备一定的控制能力。若使被控制对象向既定目标改变，达到控制的目的，就必须创造一定的条件，缩小可能性空间。控制能力就是指创造一定的条件缩小可能性空间的能力。

控制论的出发点是世界上任何事物的发展，都存在着多种多样的可能性，因而都有一定可能性空间。至于事物具体发展成为可能性空间的哪一种状态，则取决于外部条件。当人们利用并创造条件，把事物的可能状态转化成现实状态的过程，就是对该事物实施控制的过程（N.维纳，1962；杜栋，2006）。土地资源功能的多样性，决定了人类的土地利用行为存在多种可能性；土地资源利用方式在一定程度上的不可逆转性，则要求人类在确定土地用途时要因地制宜慎重考虑。要在综合考虑土地资源适宜性的基础上，坚持社会发展、经济进步和环境建设统筹兼顾、协调发展的思路，对区域土地资源进行总体上的科学安排和合理利用，确保有限的土地资源永续利用。所以，控制论也是进行土地利用规划环境影响评价的理论依据之一。

2.3 景观生态学理论

景观生态学起源于 20 世纪 60 年代欧洲，土地利用格局变化一直是其主要的研究内容。直到 20 世纪 80 年代初，景观生态学在北美才受到重视。景观生态学是一门横跨自然和社会科学的综合学科，其最突出的特点是强调空间异质性、生态学过程和尺度以及它们相互之间的关系。景观生态学的发展从一开始就与土地规划、管理和恢复等实际问题密切联系。自 20 世纪 80 年代以来，随着景观生态学概念、理论和方法的不断扩展和完善，其应用也越来越广泛。其中最突出的包括在保护生物学、景观规划、自然资源管理等方面的应用。传统的生态学思想强调生态系统的平衡性、稳定性、均质性、确定性以及可预测性。这一自然均衡模式在自然保护和资源管理的应用中长期以来占有重要地位。但是，生态系统并非处于“均衡”状态，时间和空间上的缀块性或异质性才是它们的普遍特征。不断增加的人为干扰使这些特征愈为突出。因此，强调多尺度上空间格局和生态学过程相互作用，以及等级结构和功能的景观生态学观点，为解决实际环境和生态学问题提供了一个更合理、更有效的概念结构。景观生态学是借鉴生态学与地理学的概念、理论和方法综合研究地表景观的学科，是一门能够直接架起生态学理论研究与社会生产实践之间沟通桥梁的交叉学科。从景观生态环境的角度看，土地利用的结果实质上就是增加或减少了一些景观元素，导致了景观结构的变化，进而影响到景观生态功能的变化。

生态用地演变机制与调控研究的指导思想、研究尺度、工作内容、技术手段等方面上都与景观生态学有着共同的基础，景观生态学的理论和技术在土地利用变化及其生态环境响应研究中也有着广泛与深入的应用。所以，景观生态学的基本理论也是土地利用变化及其生态环境响应研究的基本的、主要的理论基础，主要体现在评价方法、技术的理论方面。景观生态学的主要原理主要包括景观系统综合整体性和景观要素异质性、景观结构的镶嵌性、边缘效应原理、景观的自然性与文化性、景观演化的不可逆性与人类主导性、景观价值的多重性、景观生态安全格局理论和集中与分散原理等（傅伯杰，2000）。

2.3.1 景观系统综合整体性和景观要素异质性

景观生态系统由不同的生态系统以斑块镶嵌的形式构成，在自然等级系统中处于一般生态系统之上，与其他生态系统一样，景观生态系统具有特定的结构、功能，可以作为一个整体来进行研究和管理。在景观生态系统中，由于各组分间的有机结合，使得“整体大于部分之和”这个系统论的核心思想得以真正体现，同时，景观生态系统的复杂多样性和不同层次的稳定性也体现了这一系统思想。

景观是由景观要素（elements）有机联系组成的复杂系统，含有等级结构，具有独立的功能特性和明显的视觉特征。一个健康的景观系统具有功能上的整体性和连续性，从系统的整体性出发来研究景观的结构、功能和变化，将分析与综合、归纳与演绎互相补充，可深化研究内容，使结论更具逻辑性和精确性。

景观是由异质性要素组成，景观异质性一直是景观生态学的基本问题之一。因为异质性同干扰能力、恢复能力、系统稳定性和生物多样性有密切的关系，景观异质性程度高有利于物种共生，异质性增加，即输入负熵，有利于景观生态系统的稳定。景观格局是景观异质性的具体表现，通过对外界输入能量的调控，可以改变景观的格局使之更适宜于人类的生存。

2.3.2 景观结构的镶嵌性

自然界普遍存在着镶嵌性，即一个系统的组分在空间结构上互相拼接而构成整体。景观和区域的空间异质性有两种表现形式，即梯度与镶嵌。土地镶嵌性是景观和区域生态学的基本特征。Forman 提出的斑块—廊道—基质模型即是对此的一种表述。即景观由斑块（patch）、廊道（corridor）、基质（matrix）三种类型组成。斑块的大小、形状不同，有规则和不规则之分；廊道曲直、宽窄不同，连接度也有高有低；而基质更为多样，从连续状到孔隙状，从聚集态到分散态，构成了镶嵌变化、丰富多彩的景观格局。对景观镶嵌性的测定，可以从多样性、边缘、中心斑块和斑块总体格局等方面进行，包括多样度、优势度、均匀度、破碎度、分维数等多种指标。由于景观结构的镶嵌性，其中若干空间要素（廊道、障碍和高异质性区域）的组合，决定了物种、能量、物质和干扰在景观中的流动或运动，表现为景观的抗性作用。

2.3.3 边缘效应原理

边缘效应指斑块与基质等边缘部分有不同于内部的物种及物种丰富度，边缘带越宽越有利于保护其内部的生态系统。对于边缘效应的进一步论述可由内缘比得出：

$$K=N/B \qquad (2\text{-}1)$$

式中，N 为边缘带包围的内部区面积；B 为边缘带面积；K 为内缘比。

内缘比低，有利于斑块与基质环境的生态系统，内缘斑块容易融入基质中；内缘比高，则有利于保存斑块中的资源，对外界的干扰有较大阻抗性。景观的边缘效应对生态流有重要影响，景观要素的边缘部分可起到半透膜的作用，对通过它的生态流进行过滤。斑块和基质等边缘部分有不同于内部的物种及物种丰富度，边缘带越宽越有利于保护其内部的生态系统。而且从信息美学角度看，不同质的两种构景元素的边缘带，信息容量大，在构图上易于产生魅力。这正是景观规划设计中应当注意并可以巧妙利用的地方。

2.3.4 景观的自然性与文化性

景观不是一种单纯的自然系统，而是被人类注入了不同的文化色彩的综合体。按照人类活动对景观的影响程度可划分出自然景观、经营景观和人工景观。当今地球上不受人类影响的纯粹自然景观日渐减少，而以各类不同的人工自然景观或人工经营景观（统称经营景观）占据了陆地表面的主体。人工景观或称人类文明景观是一种自然界原先不存在的景观，如：城市、工矿和大型水利工程等，大量的人工建筑物成为景观的基质而完全改变了原有的景观外貌，人类成为景观中重要的生态组分。这类景观多以高效率的功能和景观的高强度能流、物流为特征，以规则化的空间布局为表现。人类对景观的感知、认识和判别直接作用于景观，同时也受景观的影响；文化习俗强烈地影响着人工景观和经营景观的空间格局；

景观外貌可反映出不同民族、地区人民的文化价值观。景观的多样性更多地表现为景观的文化性。由于景观的这种特性，景观评价的研究更多地涉及了自然科学与人文科学的交叉。

2.3.5 景观演化的不可逆性与人类主导性

景观系统的宏观运动过程是不可逆的，它通过开放的系统，从环境引入负熵而向有序方向发展。景观系统演化遵循从混沌到有序再到混沌的循环发展形式。景观演化的动力机制有自然干扰与人为活动影响两个方面。由于当今世界上人类活动影响的普遍性和深刻性，对于作为人类生存环境的各类景观而言，人类活动无疑对景观的演化起着主导作用，通过对变化方向和速率的调控可实现景观的定向演变和可持续发展。

在人类活动对生物圈的持续性作用中，景观破碎化与土地形态的改变是其重要表现。景观破碎化包括斑块数目、形状和内部生境的破碎化三个方面，它不仅常常会导致生物多样性的降低，而且将影响到景观的稳定性。“通常把人为活动对自然景观的影响称为干扰（disturbance）；对于管理景观的影响由于其定向性和深刻性则称为改造（reform）；对人工景观的影响更具决定性的，可称为构建（build）”（肖笃宁，1991）。在人与自然界的关系上有着建设和破坏两个侧面，共生互利才是积极的发展方向。应用人与自然共生原理进行景观生态建设，是景观演化中人类主导性的积极体现。

2.3.6 景观价值的多重性

景观兼具经济、生态和美学价值，这种多重性价值判断是景观评价、规划和管理的基础。景观的经济价值主要体现在生物生产力和土地资源开发等方面，景观的生态价值体现在生物多样性与环境功能等方面，而景观美学价值却是一个范围广泛、内涵丰富，比较难以评定的问题。随着时代的发展，人们的审美观也在随之变化：比如本来人工景观的创造是工业社会强大生产力的体现，然而久居高楼如林、车声嘈杂的城市之后，人们又企盼着亲近自然、返回自然，返璞归真又成了新的时尚追求。

2.3.7 景观生态安全格局理论

McHarg 在其《自然设计（Design With Nature，1969）》一书中，系统地提出了尊重自然过程进行景观改变的设计思想，并在世界范围内广泛应用。各种景观类型在景观中代表着不同的生态过程和功能，针对一个景观来讲，维护生态过程和改善生态功能，首先要求分析景观的过程和机制，甄别各种景观单元在整体生态功能中的作用和地位，其次在景观改变中对于维持生态过程特别重要的景观单元予以保护或加强，这是因为，土地是非常有限的，在景观改变中，如要维护特定景观所具有的过程和功能，不可能，也没有必要使用大量的土地维护、加强或控制某种过程。如何用尽可能少的土地来最有效地维护、加强或控制景观特定的过程，成为在景观改变中一个关键性的问题（俞孔坚，2001）。景观安全格局的理论和方法的提出，为上述问题解决提供了方法和理论支持。

景观安全格局理论系由俞孔坚博士在其博士论文（Security Patterns in Landscape Planning with a Case Study in South China）中提出的。景观安全格局理论认为，不论景观是均相还是异相，景观中的各组分生态过程的并不是同等重要，其中一些战略性的组分及其相互之间的空间联系构成安全格局，对景观过程和功能有着至关重要的作用和影响。在一个景观中，一些景观安全格局组分可以凭经验直接判断，如一个盆地的水口、廊道的断裂处或瓶颈、河流交汇处的分水岭，而一些并不能凭经验判断，但可从以下三个方面进行考虑：①是否有利于对全局和局部的景观控制；②是否有利于孤立景观元素之间建立空间联系；③一旦改变，是否对全局或局部景观在物质和能量的效率和经济性，以及景观资源保护和利用产生重大影响。

从实质上，景观安全理论强调通过控制景观或区域中关键点和局部或空间关系，在不同层次上维护、加强或控制景观中某种过程（俞孔坚，1998）。按照在景观中维护、加强或控制的过程或目标，景观安全格局可分为生态安全格局、视觉安全格局和文化安全格局等。而根据景观或区域的主导景观过程分析，可以进行景观安全格局的分析和设计。判别景观安全格局有赖于安全指标的确定（俞孔坚，2001），如生态保护过程中的最小面积、最低安全标准、最小阻力曲线的门槛值等。

2.3.8 集中与分散原理

集中与分散原理是进行景观空间格局评价的主要依据之一。该原理认为土地利用在景观和区域上的生态最佳配置应该是：土地利用集中布局，一些小的自然斑块与廊道散布于整个景观中，同时人类活动在空间上沿大斑块的边界散布（Forman，1995）。土地利用集中布局，使得景观整体呈粗粒结构，可保持景观总体结构的多样性和稳定性，有利于作业专业化和区域化，并可抵御自然干扰和保护内部物种。小斑块和廊道，可提高立地多样性，有利于基因与物种多样性的保护，并可为严重干扰提供风险扩散。大斑块之间的边界区，是粗粒景观中的细粒区，这些细粒的廊道和结点对多生境物种（包括人类）来说是非常有用的。因此，景观上的这种大集中与小分散相结合的模型具有多种生态优点和人类便利，是景观空间格局评价的理论标准。

2.4 生态经济学理论

生态经济学是20世纪50年代产生的由生态学和经济学相互交叉的而形成的一门边缘学科，它是从经济学角度，研究生态经济复合系统的结构、功能及其演替规律的一门学科，为研究生态环境和土地利用经济问题提供了有力的工具。其理论基础除经济学和生态学原有的理论基础之外，还涵盖了当前自然和社会领域中独立存在的一些学科（地理学、社会学）和一些交叉学科（环境经济学）的理论。根据内容的差异，可将生态经济学的基本理论归纳为以下几个部分。

2.4.1 生态适宜理论

生态经济系统有着明显的地域性。不同的地域，从自然资源的形成条件到各种资源的数量、质量、性质及其组合都有很大差别，在空间上构成不同类型的资源地域组合。这就要求在资源开发利用前，必须通过全面系统的调查研究，查明资源地域分异的规律，并在进行适宜性评价的基础上分门别类，因地制宜地制定生态经济的规划和实施这些规划的政策，使生态建设和经济建设同步实施，在良性循环中协调发展。

2.4.2 食物链理论

食物链理论又称循环转化论。物质循环和能量转化是生物有机体内部的两种有规律的运动形式，前者指物质的循环运动规律，即生产者吸收无机物质通过光合作用合成有机物质，有机物质经过消费者利用，最终再经过还原分解成可被生产者吸收的无机物重返环境，进行物质再循环。后者指能量的转化运动规律，能量在生态系统中流动，是沿食物链营养级向金字塔顶部单方向流动转化，每流向一个营养级，能量只有1/10左右转化为新有机体的能量，而大部以热的形式损耗，从而熵值增加。能量在生态系统各成分之间消耗、转移和分配，一切物质的合成与分解，所有生物的生长与繁殖，都伴随着能量的转化和物质循环。因此，按照循环转化理论，对生产中的废弃有机物质充分开发利用，多层次循环利用，可以获得经济增值。

2.4.3 系统闭值理论

生态系统本身具有一种内部的自我调节能力，即负反馈效能，依靠这种效能，系统才能保持稳定和平衡。但是，这种自我调节能力不是无限度的，每一种生态系统都由于结构不同，而具有某种数量限度，这个数量限度称为临界值，或称闭值或容受力。当生态系统中的某个组成部分由于外界的干扰，包括人类的不适当的干预，而使系统受到的伤害超过这个临界值，生态系统的自我调节功能就不能再起作用，从而引起系统功能的退化和结构的破坏，最终导致生态系统的溃乱和经济系统的衰落。生态经济临界值包括资源承载力和环境容量两方面。

2.4.4 生态平衡理论

生态环境质量的优劣，是以生态是否平衡作为主要标准的。生态平衡就是一个地区的生物与环境在长期适应的过程中，生物与生物，生物与环境成分之间建立了相对稳定的结构，整个系统处于能够发挥其最佳功能的状态。主要表现在：生态系统的物质输入与输出维持平衡，生物与生物，生物与环境之间在结构上保持相对稳定的比例关系；生态系统食物链的能量转化、物质循环保持正常运行。即生态系统的物质收支平衡、结构平衡和功能平衡。

随着人类社会的发展，产生的各种环境问题已经严重影响了生态环境系统各部分的结构和功能，生态系统的平衡和稳定也受到了威胁，不但给人类自身带来了损害，也给社会经济系统带来了损害，甚至在部分国家和地区，生态环境恶化已经深刻影响到了社会经济的持续发展。在土地资源的开发利用过程当中，要充分认识到各种土地利用行为可能对环境所造成的影响，坚持从土地资源的适宜性出发，结合区域环境质量现状和潜在的环境问题，确定科学合理的土地利用目标，在保障社会经济持续发展的同时，加强环境问题的治理，有效改善环境质量，实现社会、经济和环境效益最大化，确保人口、资源、环境和发展的和谐统一（王智平，1999；毕宝德，2001；陈之荣，1997）。上述理论在社会经济发展提供重要理论指导的同时，也为土地利用规划环境影响评价提供了重要理论基础。

土地利用本身就是由土地自然生态系统与土地生态经济系统组合而成的复杂系统，内部要素之间相互联系、相互制约，其中任何一种因素的变化都会引起其他因素的相应变化，影响系统的整体功能。生态经济学理论认为，当前的资源环境问题，如土地沙化、水土流失、土壤污染、自然灾害频繁等，是由于不合理的土地利用，使生态环境遭到破坏所致。因此，人类利用土地资源时，必须要有一个整体观念、全局观念和系统观念，考虑到土地生态经济系统的内部和外部的各种相互关系，不能只考虑对土地的利用，而忽视土地的开发、整治和利用对系统内其他要素和周围生态环境的不利影响。

对此，应在结构管理方面，按土地生态系统的功能来建立土地生态系统的最佳结构，确定土地利用最佳结构，同时注重土地利用方式的生态适宜性；在土地资源开发、利用方面，不能超过资源的可更新能力与生态系统阈值，以保持区域生态系统的稳定性。同时，要以生态平衡理论为指导，在能量和资源的利用上，要做到有取有补，开发与保护并重，维持生态平衡；在效益追求方面，生态效益与经济效益并重，不能单纯追求经济的增长和利润，而忽视了经济效益。

土地是重要的基础性资源，土地开发利用既不是纯粹的经济过程，也不是纯粹的生态过程，而应该是经济过程和生态过程的有机统一，其实质是生态经济、社会的协调发展（周毅，1998）。生态经济协调发展理论是依据社会发展的基本原理，对客观存在的问题进行科学分析，对经济社会因素和整个自然因素相互作用的发展历程进行客观分析（刘树臣，1996）。所以说生态经济协调理论在资源、环境的开发利用中具有重要的指导作用。

2.4.5 生态经济系统的演化机制理论

（1）生态经济系统的进化反馈机制

该机制是指系统具有自组织、自加速生长的能力。用系统结构与功能的关系来说，生态经济系统某种结构的形成，能够促使系统功能的强化，而功能的强化又回过头来促进结构的拓展，如此反馈循环的过程。与进化反馈相反的情形，我们可以称它为退化反馈。退化反馈使生态经济系统的结构朝相反方向发展，偏离人们的目标，像黄土高原生态经济存在的恶性循环形成越垦越穷—越穷越垦的势态，便是退化反馈的集中体现。但是，退化反馈可以使生态经济系统的生长受到某种“极限”的限定，不可能无限制生长。进化反馈与退化反馈机制是生态经济系统长期演化的重要机制，在生态经济系统演化生长期，多以进化反馈占主导地位，以后进化反馈逐渐衰退并遇到退化反馈，二者交替作用的结果就是所谓的“顶极”（廖明辉，1990）。

（2）熵作用原理

根据耗散结构理论，系统熵的变化 ds 由两部分组成：

$$\mathrm{d}s=\mathrm{d}S_e+\mathrm{d}S_i$$

dS_e 是系统通过与外界物能交换而引起的熵流；dS_i 是系统内部不可逆过程产生的熵增加、由于 d$S_i \geqslant 0$、对于孤立系统，有 d$S_e=0$，故 d$s \geqslant 0$，系统将发生不可逆熵增加，直至达到最大熵道即系统的热力学平衡状态，此时系统处于高熵无序状态。而对于生态经济这样的开放系统而言，系统熵变 ds 可以小于零，因为系统在与外界质能交换的同时引入负熵流，正是这种负熵流的引入抵消系统内热力学过程的熵增从而形成整个系统的低熵有序状态。生态经济系统靠的就是外界物质、能量的输入将系统推离远离平衡区域，在非线性作用下，形成有序的结构并具有相对稳定性（廖明辉，1990）。

（3）结构稳定性原理

生态经济系统的结构稳定性是指系统在一段时期里保持内部结构的基本不变或结构稳定扩张的特性。它赋予系统抗御外来冲击和内部混乱的能力。生态经济系统结构的形成是由于进化反馈的作用，系统获得了一种自组织的机制，在生物与生物之间、生物与环境、人与环境之间发生功能、结构的相互耦合。反馈形成网络，结构造成适宜结构生存、扩张的内环境，系统便因而具有整体的抗逆性、稳定性、扩张性。结构稳定性原理告诉我们，要在短时期内人为主观地去改变某种结构往往是得不偿失，因为结构的改变实际上意味着系统整体性质的改变，是一个长期的过程。同时结构稳定性原理还告诉我们，生态经济系统除具有一系列内部特征外，还具有向外扩张的特性（廖明辉，1990）。

（4）生态经济系统涨落作用机制

涨落机制说明的是生态经济系统的微观行为何以导致宏观结构的变化，宏观结构又怎样影响微观行为的过程。生态经济系统的结构虽然在一定时期是稳定的，但并不是系统微观行为都符合这种结构，促进结构的生长和扩张。相反，微观行为存在着大量的与主体结构的差异。比如，某地农村产业结构变革时期，由于政策、方针的改变、农民可以自由地从事农、工、商、连、运、服等各产业，各农民或家庭最终就业行业则受其自身的生产技术经验和手艺，外界提供的社会服务条件、市场价格、地区传统、择业风险诸多因素的影响，微观行为可能各不相同，因而“就业”具有涨落和随机性。这种偏离系统总体均值的涨落对于生态经济系统中的进化是有着极为重大意义的。某些局部地域的、微观的、个体的涨落（区涨落）甚至可以导致整个生态经济系统宏观结构的改观。即微观涨落被引发、被放大，这种情形产生于新结构取代旧结构的变革时期，像“多米诺骨牌”倒塌一样。涨落放大成为宏观特征的过程是：最初的微观涨→初始结构→结构生长→稳定态（或“顶极”）。此过程中的临界和通信是生态经济管理中的重要概念。涨落达不到一定临界就会衰退下去，而系统的内外开放程度，通信效率越高，临界点也就越易达到，涨落被放大的可能性就大生态经济系统微观涨落放大成为宏观特征必须具备以下条件：①客观上存在着涨落，微观个体行为的自主性、多样性。②形成有高的通信效率。③涨落能达到临界。④正反馈形成网络。涨落机制可以很好地说明开放改革的重大决策，同时也给管理提供了有效的途径，如发展交通、能源、教育事业（廖明辉，1990）。

（5）环境容量的有限性

在涨落放大的过程中，新结构的诞生往往伴随着系统内环境的改善，亦即“小生境”的出现。生物群落的演替，优势种群的出现，必然改变生物生存的小环境，适宜的环境促进生物的生长，通过结构与环境的进化反馈便完成生物群落由二“小生境”到“大气候”的演变。然而，在涨落放大的同时，会出现负反馈的机制在新的结构不断生长过程中，逐渐会遇到其他结构的竞争、旧结构本身的发展远景和系统环境的种种限制。从人类生态学而言，人类种群增长亦呈现出该特征、人类智慧、生产力科学技术上的不断进步使人类成为生物圈中增长速度最快的种群，毫无节制地追求物质财富盲目乐观地征服大自然极大地限制了其他生物，特别是动物的增长。资源枯竭，环境恶化，能源短缺，生存空间拥挤的困境，环境容量有限性的作用终于爆发出来，成为人类生存发展的一大障碍（廖明辉，1990）。

2.5 土地利用行为理论

2.5.1 土地利用个体行为理论

从新古典经济学的角度看，土地用途的转移是土地经营者追求效用最大化的结果，即通过土地的最优利用达到最大获利。其实质是不同用途对同一土地竞标活动的结果。竞标胜负的决定因素是收益或效用的大小，遵循最优利用原则：“土地资源趋向于向那些出价最高的经营者手中转移，趋向于向那些收益最大的用途转移”。这种从经济学上解释土地经营者个体行为的理论被称作土地利用的基本竞争模型（李秀彬，2002）。它具有深远的历史，可追溯到 19 世纪初屠能和李嘉图关于地租的经典著作。

2.5.1.1 地租

传统地租理论将地租定义为使用土地的代价，是土地作为生产要素之一投入生产过程所得到的报酬。在完全竞争的假设条件下，得到土地租用权的是出价最高的土地使用者。而为了付得起比其他竞租者更高的地租，租用者必然要为这块土地安排收益更高的用途或者生产要素之间更优的投入组合。假设土地竞租者之间没有任何差别，那么这种土地使用者之间的竞标过程也可以理解为各种用途之间对土地的竞标过程。竞标的胜负以各种用途在该土地上所能产生的地租大小为准。同一用途在不同土地上地租产出能力的大小，决定于土地之外其他生产要素的投入产出函数。屠能的随市场距离缩短而增大的区位地租，源于运费的减少；李嘉图的随肥沃度提高而增大的肥沃度地租，源于因生产力差别造成的单位产品成本的节约。

2.5.1.2 竞租曲线

如果把地租成本也考虑在内，当土地使用者租用不同的土地获利相同时（经济获利为零），便达到了均衡状态。这时，运费的减少量或单位产品成本的节约额恰好与因此而产生的地租冲抵。达到均衡状态的地租在不同土地之间的变化曲线被称为竞租曲线或集约边际线。各种用途的竞租曲线，其斜率是不同的。单就区位地租而言，竞租曲线的斜率主要受三个因素的影响，即运输成本、集约度以及固定投入的高低（李秀彬，2002）。

竞租曲线斜率大的用途，在靠近市场的区位比其他用途的地租产出能力更强；相反，竞租曲线斜率小的用途，在远离市场的区位比其他用途的地租产出能力更强。根据最优利用原则，地租产出能力最高的用途通常首先占据对这种用途来讲利用能力最大的土地。地租产出能力较低的用途往往被排挤到利用能力较低的土地上，在那里，它们才有足够能力与地租产出能力更低的用途竞争（李秀彬，2002）。

2.5.1.3 土地利用空间均衡与转移边际点

当占用不同土地的各种用途获利相同时，便达到了各种用途之间在空间上的均衡状态。屠能的农地同心圆圈层模式、Burgess 的市地同心圆圈层模式、Hoyt 的市地扇形模式、Harris 和 Ullman 的市地多核心模式，均可理解为均衡状态下的土地利用空间模式。在空间均衡状态下，两种用途竞租曲线的交点被称为转移边际点。在转移边际点左边，土地转为地租产出能力更高的用途更为有利；在转移边际点之外继续这种用途，直到其粗放或者无租边际，均可获利（李秀彬，2002）。

2.5.1.4 均衡与变化

土地利用空间均衡和转移边际的概念较好地解释了完全市场条件下土地利用的空间分布。从这一理论出发，土地利用变化的解释就应建立在对于打破均衡的条件的分析上。均衡的打破表现在某一用途的无租边际点和不同用途间的转移边际点发生空间位移，导致土地利用变化。一般来讲，均衡的打破有以下几种可能的形式：①竞租曲线的斜率发生变化。技术的进步使原来不能利用的土地投入使用或者生产成本降低，进而使市场上土地的有效供给增加。这时无租边际右移，竞租曲线斜率趋缓。另一方面，技术的进步也有可能使土地利用集约化程度提高，从而使竞租曲线斜率趋陡。②竞租曲线平移。反映供给和需求关系的价格涨落是这种变化的主要原因。上涨使竞租曲线上移，反之下移。

上述土地利用的空间均衡和转移边际分析，只仅仅是就土地单一要素市场来解释土地利用变化过程。正如巴洛维所言，“土地要素不与其他生产要素发生联系就没有什么经济价值”。因此，关于土地利用变化深层次原因的解释，依赖于对劳动力市场、产品市场、资本市场与土地市场间关系的综合研究，即经济学上所称的一般均衡分析（李秀彬，2002）。

2.5.2 土地利用社会群体行为理论

2.5.2.1 经济学解释土地利用变化的难点

经济因素往往是土地利用变化的首要驱动因素。然而只从经济学角度出发，不可能全面刻画土地利用变化的机制。归纳起来，从经济学角度解释土地利用变化的难点主要有以下几个方面：①土地市场很难实现完全竞争。土地利用能力的差异性和位置的固定性使得土地作为资源的替代性甚弱。此外，某些用途由于给土地附着了大量的人造资本，造成转移成本过高，使土地利用变化成为不可逆的过程。②土地利用的外部性。土地作为生态环境和特殊资源载体的属性和人类活动空间的属性，使得土地利用对周边或其他地区的自然和社会经济造成影响。正如 Platt 所言：“即使是一块未利用的空地，对其周边的土地利用也有正面的或负面的功能”（Platt，1996）。③土地作为公共物品的属性。许多类土地属于公共物品，如道路等基础设施；许多土地密集型产业具有某种程度上的公共事业的性质，如农业。更为重要的是，地权关乎全体国民的生存，国家通过宪法、法律对不同层次上的地权进行限制（李秀彬，2002）。

2.5.2.2 制约土地利用的三重框架

上述分析表明，市场失灵的情况可能在土地问题上更为突出，需要从法律、法规及政策等体制因素出发解释社会群体行为对土地利用变化的影响。巴洛维提出应在自然条件的可能性、经济的可行性以及体制的可容性三重框架下解释人类的土地利用活动。实际上，土地利用并不只是被动地适应法律、法规及政策等体制因素，两者的关系是互动的。Platt 设计了一个显示这种互动关系的概念模式，为土地利用变化的社会群体行为分析奠定了理论基础（Platt，1996）。

2.5.2.3 “土地利用—环境效应—体制响应”反馈环

人们利用土地的活动，任何时候都发生在自然系统、经济系统及体制系统的三重框架之内。自然系统指的是以植被和土壤为核心的地表自然环境；经济系统可以理解为土地利用系统；而体制系统则由相互作用的私人和公共部门共同组成。对于每一框架，都可以单独地研究。但在实际上，这三重框架却是相互关联，共同起作用的（李秀彬，2002）。

任何形式的土地利用活动都或多或少地对地表自然环境施加影响。后者也同时反作用于前者，这种反作用有时候以极端的形式出现，比如自然灾害，使土地利用系统受到直接的打击。地表自然环境的变化往往表现为自然资源的衰竭和环境的退化，当这一问题足够严重以至于引起公众的关注时，体制系统就可能通过法律、法规及政策等资源和环境管理手段调整土地利用系统。除了环境变化，土地利用系统还通过自身的经济表现和社会效应为各个层次的决策者提供信息，指示其自身在经济上的可行性和社会上的可容性（李秀彬，2002）。

从立法的角度看，个人与公众的土地利用目标常常出现差异，甚至发生冲突。土地的直接经营者往往以土地利用的经济效益为首要目标，并且只关注土地利用立地的、直接的环境和资源效应；公共土地管理部门往往更加注重土地利用系统在区域层次上的社会、经济及资源环境效应，这些效应对土地的直接经营者来讲，属于外部性效应。当然，各级公共土地管理部门依其所处的层次不同，或者主管的行业和环境部门不同，目标也不尽相同。“土地利用—环境效应—体制响应”反馈环的作用机制随社会制度、经济发展阶段以及不同时期社会价值取向的不同而变化，是一个非常复杂的过程（李秀彬，2002）。

2.5.2.4 信号强弱与社会群体土地管理行为

为了解释社会群体行为对土地利用变化的作用机制，需要关注上述反馈环中体制系统的两个输入信号。从社会群体的角度出发，两种信号作用于各级立法机构和政府，进而形成土地管理的法律、法规及政策。各级立法机构和政府面对这些信号是否采取行动，往往取决于信号的强弱。信号的强弱除了与资源环境问题和经济社会效应本身有关外，更与社会各方面对这些问题的重视程度有关。在这些信号与各级立法机构和政府之间，公众、社会舆论、学术界往往起到重要的作用，后者不只影响信号的强弱，而且影响信息的准确性和对问题的解释，进而影响决策（李秀彬，2002）。

政府的土地管理政策，往往受强信号的驱动。1998 年夏季长江流域的大洪水和 2000 年春季北方地区的沙尘暴就是这种环境强信号的典型例子。而西部脆弱生态区的耕地扩张和植被破坏，在灾害发生后成为政府、学术界和公众关注的焦点，“退耕还林还草”成为政府在土地管理上的主要政策取向。另一个例子是 20 世纪 90 年代中期围绕着中国食物安全的讨论，人们普遍认为中国的食物安全受到威胁，1997 年以后政府对耕地的保护采取了更加严厉的政策和措施。如果说在前两个例子中自然灾害这种环境强信号起到了主要的作用，那么在后一个例子中，学术界、公众及大众传媒所起的作用可能更大。当然，学术界和传媒对洪水和沙尘暴的原因解释也是促使政府调整西部地区土地管理政策的重要因素（李秀彬，2002）。

值得注意的是，在环境强信号驱动下的决策往往以应急措施为主。尤其是在公众舆论的压力下，行动的快慢而不是如何行动成为衡量政府效率的首要标准。这种决策机制往往造成处理问题时综合分析的欠缺。常常出现这样的情况：短期目标得到重视而长期目标受到忽视；下游的问题得到重视而上游的问题受到忽视；生态的问题得到重视而资源的问题受到忽视（李秀彬，2002）。

2.6 博弈论

2.6.1 博弈论的内容及分类

博弈论（game theory，又称为对策论）是研究决策主体的行为在发生直接的相互作用时，人们如何进行决策以及这种决策的均衡问题。在博弈论分析中，一定场合中的每一个对弈者在决定采取何种行动时都要考虑到他的决策行为对其他人的可能影响，同时也要考虑其他人的行为对他可能的影响，通过选择最佳行为计划来实现自己的收益或效用的最大化。所以说博弈论所关心的是当人们知道其行动相互影响而且每个人都考虑这种影响时，理性的个体如何进行决策的问题。关于理性的假设是指当事人在有关局势既定的信念下能使自己的目标函数最大化。然而在传统微观经济学谈到个人的决策时，就是在给定一个价格参数和收入的条件下，最大化他的效用；个人效用函数只依赖于他自己的选择，而不依赖于其他人的选择；个人的最优选择是价格和收入的函数而不是其他人选择的函数。在这里，经济作为一个整体，人与人之间的选择是相互作用的，但是对单个人来讲，所有其他人的行为都被总结在一个参数里，这个参数就是价格。这样，一个人做出决策时他面临的似乎是一个非人格化的东西，而不是面临着另外一个或多个人（决策主体）。他既不考虑自己的选择对别人的影响，也不考虑别人选择对自己选择的影响（罗杰，2001）。

从上面的分析中，可以看出运用博弈论与传统微观经济学的方法分析个人决策时最大的区别就在于：我们是否把他人的选择作为一个变量加入到分析个人选择的效用函数里，同时是否考虑自己的选择行为对与这个变量的影响。因此，可以看出博弈论在分析现实的经济问题时，会更贴合实际情况。

博弈论的基本概念包括：参与者、自然、行动、信息、支付函数、结果、均衡。参与者（又称为参与人或对弈者）指的是博弈中的决策主体（可以是个人，也可以是团体，如国家、企业等），他的目的是通过选择行动以最大化自己的支付（效用）水平。除了一般意义上的参与者之外，为了分析方便，“自然”作为“虚拟参与者”来处理。这里，“自然”是指决定外生的随机变量的概率分布的机制；

行动是参与者在博弈的某个时点的决策变量，在 *n* 人博弈中，*n* 个参与者的行动的有序集。f_G（1），f_N（1）A = {A_1，A_i，A_n }称为“行动组合”，其中的第 *i* 个元素 *A* 是第 *i* 个参与者的行动；信息是指有关博弈的知识，如有关“自然”的选择、其他参与者的特征和行动的知识等。在博弈论中，“完美信息”和“完全信息”是两个有联系但又不完全相同的概念。完美信息是指一个参与者对其他参与者（包括虚拟参与者“自然”）的行动选择有准确的了解；完全信息是指博弈中所有参与者都有关于博弈的基本结构的所有信息，即没有事前的不确定性；支付函数是参与者从博弈中获得的或者预期获得的效用水平，它是所有参与者行动的函数，是每个参与者真正关心的东西；结果是指博弈分析者感兴趣的要素的集合；均衡是所有参与者的最优策略或行动的组合。综上所述，博弈论模型可以用五个方面来描述：G={P，A，S，I，U}。

P：博弈的参与者，也称为“博弈方”；

A：各参与者的所有可能的行动的集合；

S：博弈的进程，也是博弈进行的次序；

I：博弈信息；

U：参与者获得利益，也是博弈各方追求的最终目标。

要表述一个完整的博弈问题至少需要包含 3 个基本要素，即参与者（player）、策略集合（strategy set）以及支付函数（pay of function）（张照贵，2006）。

根据不同的标准可以对博弈进行不同的分类。按参与者之间的协调程度，可将博弈分为合作博弈和非合作博弈。在非合作博弈中，参与者不能在正式的博弈规则之外缔结有约束力的协议。而在合作博弈中，允许有这样的协议，参与者也可以对其他参与者做出不能改变的威胁，即对特定的策略完全能够自我承诺。

按照参与者所拥有的关于博弈的信息结构的不同，可以将博弈分为完全信息博弈和不完全信息博弈。如果博弈各方对各种局势下所有参与者的得益状况完全清楚，称为完全信息博弈。反之为不完全信息博弈。

按照博弈的时间或者参与者的行动次序，可将博弈分为静态博弈和动态博弈。参与者同时行动的一次性博弈（包括参与者同时行动或者不同时但后行动者不知道先行动者采取什么具体策略），则该博弈就是静态博弈。动态博弈是指参与者行动有先后顺序，且后行动者能观察到先行动者所选择的行动，即博弈是随时间以多阶段对弈来展开，或单阶段对弈在跨时期中是重复的。在动态博弈中还有一类信息：轮到行动的博弈方是否完全了解此前对方的行动。如果完全了解则称为“具有完美信息”的博弈。反之称为“不完美信息的动态博弈”。由于信息不完美，博弈的结果只能是概率期望，而不能像完美信息博弈那样有确定的结果。

按照博弈的收益分配结果分，博弈可以分为零和博弈与非零和博弈。零和博弈是指在博弈中一个参与者所得到的收益（或支付）恰好是另一参与者的损失（Driessen，2006）。

非零和博弈是指所有的参与者的收益（或支付）的代数和不为零。总等于一个非零常数。它有两种状态：一种是双赢，支付总量是增加的；另一种则是双输，支付总量下降。博弈论研究决策主体的行为发生直接相互作用时的决策以及这种决策的均衡问题，也就是当一个主体，当然这个主体可能是人，也可能是组织或者企业等，它的选择受到其他主体选择的影响，而且反过来影响到其他主体选择时的决策问题和均衡问题，即博弈论研究的是存在相互外部经济条件下的个人选择问题。由于人与人之间决策行为相互影响的情况非常多见，因此博弈论的应用非常广泛，亦可用于生态用地演变的分析。

2.6.2 生态用地演变过程中的博弈及其特点

土地利用类型的不同缘于土地用途的多样性，有的土地以生产功能为主，如耕地、园地；有的土地以生态功能为主，如草地、林地、湿地等；还有些主要是以承载功能为主，如居住用地等建筑用地。同时，同一种类型的土地也可以具有多种功能，如耕地，既是生产用地，又具有调节环境，维护生态系统平衡的功能，大面成片区的耕地甚至有调节微气候的功能。随着城市化速度不断加快，为了满足人们生产生活需要，生态用地也在发生着演变，生态用地的演变过程其实也是博弈的过程，生态用地演变所涉及的政府、个人（有时候是农户，有时候是社会公众）、企业就是博弈中的参与者。在生态用地演变过程中的博弈，各组成要素的表现形式如下（李薇薇，2008）：

（1）参与人：有国家、农村集体经济组织、农民三方。在这三方中，国家属于权力机构，农村集体经济组织是一种组织，在现在的状况下，可将其定义为实现组织成员利益最大化的组织，农民则是个体。

（2）行动或战略：行动或战略即决策参与人在博弈过程中所做的决策变量选择。在生态用地利用决策博弈中即指决策三方，即：国家、集体和农民，所可能做出的选择。如国家可以制定影响生态用地状态的不同政策，农民可以在相关政策规定的范围内选择这样或那样利用土地的方式。

（3）信息：指决策三方对于整个决策过程中相关信息的了解程度，这是影响决策的重要影响因素之一。例如，国家在制定政策时对农民实际利用土地的状况是否清楚，是否了解土地使用者使用土地的真实期望；集体对一其组织成员的状态是否了解，是不是代表了大多数成员的意见；农民对于国家的政策知道多少，领悟多少等。

（4）支付函数：支付函数是由行动决定的，它是参与人在一定的战略下实施相关行动所能获得的效用。在决策的过程中也就是国家、集体和农民三方选择不同的生态用地利用方式所可能获取的收益。

（5）结果：生态用地演变过程中的三方进行博弈，都有自己的着眼点，如国家关注的是国家土地收益和生态用地生态功能的最大化，集体关注的是农村集体组织本身在为集体成员带来福利的同时自身所能获得的利益有哪些，而农民则是关注自身的生产效益如何才能最大化。不同的决策者各自感兴趣要素的组合就是博弈的结果。

（6）均衡：这是对博弈过程进行分析所希望寻找到的最优解。任何博弈过程都存在均衡，只是均衡点是否唯一的问题，土地利用决策的博弈也是一样。

与社会经济生活中的其他博弈过程相比，生态用地的演变过程博弈具有下列特点[5]。

（1）决策三方具有共同的最终利益诉求

单从局部来看，国家、集体和个人的利益目标不尽相同，但结合起来，三者都希望土地利用行为能为生活水平的提高做出贡献。不论及途径和手段是否合理，利用土地最终是要实现整个社会经济的可持续发展，使得土地能够满足社会和经济的发展。

（2）参与者中，有的参与者选择空间受其他参与者限制

与其他社会经济活动不同，土地利用行为的外部性特别显著，尤其是生态环境比较脆弱地带，土地利用所带来后果具有很强的社会性，而且会直接影响到其他相关行为。正因为如此，国家对于生态土地利用行为的限制颇多，再加上滨湖边缘地带的农民并不拥有生态土地的所有权，因此不拥有土地的最终处分权，土地利用要受限于集体土地所有权。

（3）均衡状态的不稳定性

生态用地演变博弈的均衡状态并不稳定，很容易被一些外界因素所改变。土地是生产其他商品的重要生产资料，在市场经济的环境下，商品的生产完全遵循基本的经济规律，随着商品生产的不断变化，土地利用的状态也在随之发生着变化。加上土地与生态环境保护、农业生产等密切相关，当这些因素发生变化时，决策者会根据变化了的情况重新做出新的决定，从而达到新的均衡点。

参考文献

[1] 刘黎明. 土地资源学. 北京：中国农业大学出版社，2004.

[2] 李秀彬. 土地利用变化的解释. 地理科学进展，2002，21（3）：195-203.

[3] 吴传钧. 论地理学的研究核心——人地关系地域系统. 经济地理，1991，11（3）.

[4] 卓玛措. 从可持续发展论区域开发. 经济地理，2000（3）.

[5] 卓玛措. 人地关系协调理论与区域开发. 青海师范大学学报（哲学社会科学版），2005（6）：24-27.

[6] 贝塔朗菲. 一般系统论的历史和现状，《科学学译文集》. 北京：科学出版社，1981.

[7] 魏宏森，曾国平. 系统论——系统科学与哲学. 北京：清华大学出版社，1995.

[8] 朴昌根. 系统科学论. 西安：陕西科学技术出版社，1998.

[9] N.维纳. 控制论. 北京：科学出版社，1962.

[10] 杜栋. 管理控制学. 北京：清华大学出版社，2006.

[11] 傅伯杰，陈利顶，马克明，等. 景观生态学原理及其应用. 北京：科学出版社，2000.

[12] 俞孔坚. 景观：文化、生态与感知. 北京：科学出版社，1998.

[13] 王智平. 村落与农田及土地利用关系的生态学探讨. 生态学杂志，1999，18（1）：73-77.

[14] 毕宝德. 土地经济学. 北京：中国人民大学出版社，2001.

[15] 陈之荣. 最新的地球圈层——人类圈. 地理研究，1997，16（3）：95-100.

[16] 周毅. 人的自然与自然的人——21 世纪人口与资源环境可持续发展. 地球科学，1998，19（3）：325-334.

[17] 刘树臣，肖庆辉. 可持续发展——地质学家的作用与地位//中国地质矿产信息院. 走向 21 世纪的地学与矿产资源. 北京：地质出版社，1996.

[18] 廖明辉. 生态经济系统演化机制初探——兼论生态经济耗散结构性. 生态经济，1990（2）：40-41.

[19] 谢花林.土地利用规划环境影响评价理论、方法与实践研究. 北京：经济科学出版社，2009.

[20] 屠能. 顾绥禄译. 孤立国. 上海和南京：正中书局，1937.

[21] [美]罗杰. B.迈尔森. 博弈论矛盾冲突分析. 北京：中国经济出版社，2001.

[22] 张照贵. 经济博弈与应用.成都：西南财经大学出版社，2006.

[23] 李薇薇. 城乡边缘土地利用的博弈论分析. 辽宁科技大学硕士学位论文，2008.

[24] Edwards-Jones，G.，Davies，B.，Hussain，S. Ecological economics：an introduction. Oxford：Blackwell Science Ltd.，2000.

[25] Forman，R. T. T. Some general principles of landscape ecology. Landscape Ecology，1995，

10（3）：133-142.

[26] Platt R H. L and U se and Society：Geography，law，and public policy. Washington D C：Island Press，1996.

[27] Driessen，Theo S.H. Matrix analysis for associated consistency in cooperative game theory .Linear algebra & its applications，2006.

第3章 区域生态用地演变与调控研究方法

3.1 景观格局分析法

3.1.1 景观空间格局分析法概述

景观格局通常是指景观的空间结构特征，而空间斑块性是景观格局最普遍的形式，它表现在不同尺度上。景观格局包括景观组成单元的多样性和空间配置。由于空间格局影响生态学过程（如种群动态、动物行为、生物多样性、生态生理和生态系统过程等），并且格局与过程往往是相互联系的，我们可以通过研究空间格局来更好地理解生态学过程。因为结构一般比功能容易研究，如果可以建立两者相关联的可靠关系，那么，在实际应用中格局的特征可用来推测过程的特征（如利用景观格局特征进行生态监测和评价）。因此，景观格局评价通过分析一些格局指数（景观丰富度指数、景观多样性指数、景观优势度指数、景观均匀度指数、景观聚集度指数等）的变化，来揭示景观的生态学过程，从而更好地保护和维持生态环境，是景观评价的一个研究领域。景观格局分析的目的是从看似无序的景观斑块镶嵌中，发现潜在的、有意义的规律性。通过格局分析，以确定产生和控制空间格局的因子和机制，比较不同景观的空间格局及其效应，探讨空间格局的尺度性质等。

研究景观的结构（组成单元的特征及其空间格局）是研究景观功能和动态的基础。景观空间格局分析方法是指用来研究景观结构组成特征和空间配置关系的分析方法。它们不仅包括一些传统统计学方法，同时也包括一些新的、专门解决空间问题格局的分析方法。分析景观格局或空间格局一般有以下几个基本步骤组成：收集和处理乡村景观数据（如野外考察、测量、遥感、图像处理等），然后将景观数字化，并适当选用格局研究方法进行分析，最后对分析结果加以解释和综合（见图 3-1）。

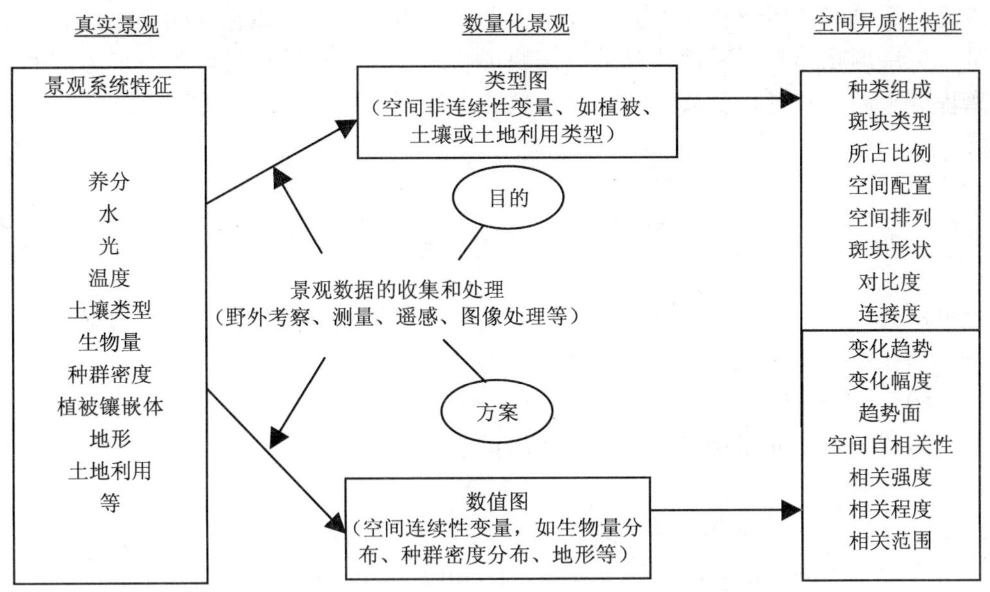

图 3-1　景观格局分析图示（根据邬建国，2000 年改绘）

景观数字化有两种形式，一种是栅格化数据（raster data），另一种是矢量化数据（vector data）。前者以网格来表示景观表面特征，每一网格对应于景观表面的某一面积，而一个斑块可由一个或多个网格组成；后者以点、线和面表示景观的单元和特征。

3.1.2 景观空间格局指数

景观空间格局指数是指能够高度浓缩区域景观格局信息，反映其结构组成和空间配置某些方面特征的简单定量指标。对区域景观空间格局与一致性的定量描述是分析区域景观结构、功能及过程的基础。通过格局与异质性分析就可以把区域景观的空间特征与实践过程联系起来。一般来说，景观特征可以在 3 个层次上分析：①单个斑块（individual patch），②由若干单个斑块组成的斑块类型（patch type 或 class），以及③包括若干斑块类型的整个景观镶嵌体（landscape mosaic）。因此，景观格局指数也可相应地分为斑块水平指数（patch-level index）以及景观水平指数（landscape-level index）。区域景观格局分析一般在第 3 个层次上（刘黎明，2003）。下面，我们就对一些较常用的景观格局指数的数学表达式做一介绍。

（1）斑块形状指数（patch shape index）

一般而言，形状指数通常是经过某种数学转化的斑块边长与面积。结构最紧凑而又简单的几何形状（如圆形或正方形）常用来标准化边长与面积比，具体地讲，斑块形状指数是通常计算某一斑块形状与形同面积的圆形或正方形之间的偏离程度来测量其形状复杂程度的。常见的斑块形状指数 S 有两种形式：

$$S_1 = \frac{P}{2\sqrt{\pi A}} \quad \text{（以圆为参照几何形状）} \tag{3-1}$$

$$S_2 = \frac{0.25P}{\sqrt{A}} \quad \text{（以正方形为参照几何形状）} \tag{3-2}$$

式中，P 是斑块周长；A 是斑块面积。当斑块形状为圆形时，S_1 的取值最小，等于 1。当斑块形状为正方形时，S_2 的取值最小，等于 1。

（2）景观丰富度指数（landscape richness index）

景观丰富度 R 是指景观中斑块类型的总数，即：

$$R=m \tag{3-3}$$

式中，m 为景观中斑块类型数目。

在比较不同景观时，相对丰富度（relative richness）和丰富度密度（richness density）更为适宜，即：

$$R_r = \frac{m}{m_{max}} \tag{3-4}$$

$$R_d = \frac{m}{A} \tag{3-5}$$

式中，R_r 和 R_d 分别表示相对丰富度和丰富度密度；m_{max} 是景观中斑块类型数的最大值；A 是景观面积。

（3）景观多样性指数（landscape diversity index）

多样性指数 H 的大小反映景观要素的多少和各景观要素所占比例的变化。但景观是由单一要素构成，景观是均质的，其多样性指数是 0；由两个以上的要素构成的景观，当各景观类型所占比例相等时，其景观的多样性为最高；各景观类型所占比例差异增大，则景观的多样性下降（赵羿等，1993）。常用的包括两种：

① Shannon-Weaver 多样性指数（有时亦称 Shannon-Wiener 指数，或简称 Shannon 多样性指数）：

$$H=-\sum_{k=1}^{n}(p_k)\log_2(p_k) \qquad (3\text{-}6)$$

式中，P_k是 k 中景观类型占总面积的比；n 是研究区中的景观类型的总数。

② Simpson 多样性指数：

$$H'=1-\sum_{k=1}^{n}P_k^2 \qquad (3\text{-}7)$$

式中，P_k是 k 中景观类型占总面积的比；n 是研究区中的景观类型的总数。

（4）景观优势度指数（landscape dominance index）

景观优势度 D 是多样性指数的最大值与实际计算值之差。优势度指数表示景观多样性对最大多样性的偏离程度，或描述景观由少数几个主要的景观类型控制的程度。优势度指数越大，则表明偏离程度越大，即组成景观各类型所占比例差异大，或者说某一种或少数景观类型所占优势；优势度小则表明偏离程度小，即组成景观的各种景观类型所占比例大致相当，优势度为 0，表示组成景观各种景观类型所占比例相等；景观完全均质，即由一种景观类型组成。

景观优势度指数计算公式为：

$$D=H_{\max}+\sum_{k=1}^{n}(P_k)\log_2(P_k) \qquad (3\text{-}8)$$

式中，$H_{\max}=\log_2$（n），P_k为 k 种景观占总面积的比；n 为景观类型总数。$H_{\max}$为研究区各类型所占比例相等时，景观拥有的最大的多样性指数。

（5）景观均匀度指数（landscape evenness index）

均匀度指数 E 反映景观中各景观类型在面积上的不均匀程度，通常以多样性指数和其最大质的比来表示。Romme（1982）的相对均匀度计算公式为：

$$E=(H/H_{\max})\times 100\% \qquad (3\text{-}9)$$

式中，E 是均匀度指数（百分数）；H 是修改了的 Simpson 指数；$H_{\max}$使在给定丰富度条件下景观最大可能均匀度。H 和 $H_{\max}$ 计算公式为：

$$H=-\log\left[\sum_{k=1}^{n}(P_k)^2\right] \qquad (3\text{-}10)$$

$$H_{\max}=\log(n) \qquad (3\text{-}11)$$

P_k和 n 的定义同上。

（6）景观破碎化指数

在较大尺度研究中，景观的破碎化状况是其重要的属性特征。景观的破碎化与人类活动紧密相关，与景观格局、功能与工程密切联系，同时它与自然资源保护互为依存。破碎化指数即为描述景观里某一景观类型在给定时间里和给定性质上的破碎化程度。常用的包括两种：

①景观斑块数破碎化指数

该指数的计算公式为：

$$FN_1=(N_p-1)/N_c \tag{3-12}$$

$$FN_2=MPS(N_f-1)/N_c \tag{3-13}$$

式中，FN_1 和 FN_2 是两种某一景观类型斑块数破碎化指数；N_c 是景观数据方格网中格子总数；N_p 是景观里各类斑块的总数；MPS 是景观里各类斑块的平均斑块面积（以方格网的格子数为单位）；N_f 是景观中某一景观类型的总数（李哈滨，伍业纲，1992）。

②廊道密度指数

廊道景观在研究区单位面积内的长度也是一种衡量景观破碎化程度的指数。廊道除了作为生态流的通道外，它还分割景观，造成景观破碎化程度加深的动因：单位面积中廊道越长，景观破碎化程度越高。通过廊道密度计算，可以弥补斑块破碎化计算中同一景观类型破碎化程度被忽视的一面。

（7）景观聚集度指数（landscape contagion index）

景观聚集度描述的是景观里不同生态系统的团聚程度。由于这一指数包含空间信息，因而广泛地被应用于景观生态学领域。它是描述景观格局的最重要的指数之一。

聚集度的计算公式为：

$$RC=1-C/C_{max} \tag{3-14}$$

式中，RC 是相对聚集度指数（0～1 取值）；C 为复杂性指数；C_{max} 是 C 的最大可能取值。

C 和 C_{max} 的计算公式：

$$C=-\sum_{i=1}^{m}\sum_{j=1}^{m}P(i,j)\log[P(i,j)] \tag{3-15}$$

$$C_{max}=m\log(m) \tag{3-16}$$

式中，$P(i,j)$ 是景观类型 i 与景观类型 j 相邻概率；m 是景观类型总数。在实际计算中，$P(i,\ j)$ 可由下式估计：

$$P(i,\ j)=E(i,\ j)/N_b \tag{3-17}$$

式中，$E(i,\ j)$ 是相邻景观类型 i 与景观类型 j 之间的共同边界长度；N_b 是不同景观类型间边界的总长度。RC 的取值大，则代表景观由少数团聚的大斑块组成，RC 取值小，则代表景观由许多小斑块组成。

（8）分维

分维或分维数（fractal dimension）可以直观地理解为不规则几何形状的非整数维数。而这些不规则的非欧几里得几何形状可通称为分形（fractal）。不难想象，自然界的许多物体，包括各种斑块及景观，都具有明显的分形特征。

对于单个斑块而言，其形状的复杂程度可以用它的分维数来量度。斑块分维数可以通过下式求得：

$$P = kA^{F_d/2} \tag{3-18}$$

即：

$$F_d = 2\ln(\frac{P}{k})/\ln(A) \tag{3-19}$$

式中，P 是斑块的周长；A 是斑块的面积；F_d 是分维数；k 是常数。对于栅格景观而言，k=4。一般来说，欧几里得几何形状的分维数为 1；具有复杂斑块的分维则大于 1，但小于 2。

在用分维数来描述景观斑块镶嵌体的几何形状复杂性时，通常采用线性回归方法，即：

$$F_d=2s \tag{3-20}$$

式中，s 是对景观中所有斑块的周长和面积的对数回归而产生的斜率。因而这种回归方法考虑不同大小的斑块，由此求得的分维数反映了所研究景观不同尺度的特征。

（9）景观要素的面缘比

即景观要素面积与周长的比值。面积及周长可以从地理信息系统数据库中直接得到。景观要素的面缘比是景观要素的形状指标，决定了景观要素的边界效应和形状特征。面缘比较大说明该景观要素单元形状简单，边界效应不明显。

（10）景观要素的面积优势度及功能优势度

每一要素都有其特定的功能，因此可以通过分析比较景观要素在区域中所占的空间大小、功能贡献率来了解整个生态系统的功能特点。

$$Y_A = \frac{A_i}{\sum_{i=1}^{n} A_i} \tag{3-21}$$

$$Y_F = \frac{P_i}{\sum_{i=1}^{n} P_i} \tag{3-22}$$

式中，Y_A为面积优势度；A_i为第 i 类景观要素的面积；n 为景观要素的个数；Y_F为功能优势度；P_i为第 i 类景观要素的产值。

（11）廊道密度

景观具有双重性质，一方面被分割成许多部分（或组分），另一方面又被廊道连接在一起，所以廊道在很大程度上影响景观的连通性，也在很大程度上影响斑块间物种和能量的交流。廊道的增加是导致景观破碎化的动因，廊道的类型与所分布的景观类型密切相关。宗跃光将城郊景观廊道分为两大类：自然廊道与人工廊道（宗跃光，1997）。人工廊道以交通干线为主，自然廊道以河流、植被带为主。廊道的开通为人类活动提供了便利条件，廊道的密度越大，表明人类活动越频繁。廊道密度用廊道长度在区域面积中所占的比例表示。

（12）人为干扰指数

人类对景观的干扰主要集中在对土地的利用和改造上，所以可以通过研究人类对土地利用的程度大小来衡量其对景观的干扰程度。刘纪远等将土地利用程度按照土地自然综合体在社会因素的影响下的自然平衡保持状态分为 4 级，对其分级赋值，并给出了土地利用程度的定量表达。评价借用土地利用程度指数来代替人为干扰指数进行。土地利用程度或人为干扰的分级依据如表 3-1 所示。

表 3-1 人为干扰（土地利用程度）分级表（刘黎明，2003）

类型	未利用土地级	林、草、水用地级	农业用地级	城镇聚落用地级
土地利用类型	未利用或难利用地	林地、草地、水域	耕地、园地、人工草地	城镇、居民点、工矿用地、交通用地
利用程度分级指数	1	2	3	4
人为干扰分级指数	1	2	3	4

计算公式为：

$$HD = 100 \times \sum_{i=1}^{n} A_i \times C_i \tag{3-23}$$

$$HD \in [100, 400]$$

式中，A_i 为第 i 级的干扰程度分级指数；C_i 为第 i 级景观类型用地占总用地面积的百分比；HD 为人为干扰指数，其值是一个 100～400 连续变化的指标，值越大，表明干扰程度越大。

3.2 Logistic 回归分析法

线性回归模型在定量分析的实际研究中应用非常普遍，然而在许多情况下，线性回归会受到限制。比如，当因变量是一个分类变量，而不是连续变量时，线性回归就不适用。在分析分类变量时，通常采用的一种统计方法是对数线性模型。而对数线性模型的一种特殊形式是 Logistic 回归模型。具体来讲，就是当对数线性模型中的一个二分类变量被当作因变量并定义为一系列自变量的函数时，对数线性模型就变成了 Logistic 回归模型（王济川，郭志刚，2001）。Logistic 回归模型是土地利用变化中常用的模型，其特点在于因变量的取值范围限定为离散变量，通过事件发生比表达土地类型变化的可能性，且可以灵活地通过转换阈值的设定调整演化的结果。

由于常规最小二乘法模型的不适宜分类因变量的回归分析，对二分类因变量的分析使用非线性函数。由于事件发生的条件概率 $P(y_i = 1|x_i)$ 与 x_i 之间的非线性关系通常是单调函数，即随着 x_i 的减少 $P(y_i = 1|x_i)$ 也单调减少。一个自然的选择就是值域在（0，1）有着 S 形状的曲线，这样在 x_i 趋近于负无穷时有 $E(y_i)$ 趋近于 0，在 x_i 趋近于正无穷时有 $E(y_i)$ 趋近于 1。

假设有一个理论上存在的连续反应变量 y_i^* 代表事件发生的可能性，其值域为负无穷到正无穷，当变量的值域跨越一个临界点 c（比如 c =0），便诱导事件发生，于是有：

$y_i^* > 0$ 时，$y_i=1$

其他情况下，$y_i=0$

这里，y_i 是实际观察到的反应变量，$y_i=1$ 表示事件发生，$y_i=0$ 表示事件未发生，如果假设在反应变量 y_i^* 和自变量 x_i 之间存在一种线性关系，即：

$$y_i^* = \alpha + \beta x_i + \varepsilon_i \tag{3-24}$$

由此可以得到

$$P(y_i = 1|x_i) = P[(\alpha + \beta x_i + \varepsilon_i) > 0] \tag{3-25}$$

$$= P[\varepsilon_i > (-\alpha - \beta x_i)]$$

通常，假设公式（3-24）中误差项ε_i有 Logistic 分布或标准正态分布。为了取得累积分布函数，一个变量的概率需要小于一个待定值，由于 Logistic 分布和正态分布都是对称的，因此公式可以改写为：

$$P(y_i = 1|x_i) = P[\varepsilon_i \leqslant (\alpha + \beta x_i)] = F(\alpha + \beta x_i) \tag{3-26}$$

其中 F 为ε_i的累积分布函数，分布函数的形式依赖于ε_i的假设分布，如果ε_i为 Logistic 分布，就得到 Logistic 回归模型；如果ε_i为标准正态分布，就得到 Probit 模型（Long，1997）。标准 Logistic 分布的平均值为 0，方差为$\pi^2/3 \approx 3.29$，之所以选择这样一个方差是因为它可以使累积分布函数取得一个较简单的公式：

$$P(y_i = 1|x_i) = P[\varepsilon_i \leqslant (\alpha + \beta x_i)] = \frac{1}{1 + e^{\varepsilon_i}} \tag{3-27}$$

这一函数称为 Logistic 函数，它具有 S 形的分布。当ε_i趋近于负无穷时，Logistic 函数有：

$$P(y_i = 1|x_i) = 1/(1 + e^{-\infty}) = 1/(1 + e^{\infty}) = 0 \tag{3-28a}$$

与此相对，当ε_i趋近于正无穷时，Logistic 函数有：

$$P(y_i = 1|x_i) = 1/(1 + e^{-\infty}) = 1/(1 + e^{-\infty}) = 1 \tag{3-28b}$$

由此可见，无论ε_i取任何值，Logistic 函数 $P(y_i = 1|x_i) = \frac{1}{1 + e^{-\varepsilon_i}}$ 的取值范围均在 0 至 1 之间。

为了根据 Logistic 函数取得 Logistic 回归模型，将公式（3-28b）重新写为：

$$P(y_i = 1 | x_i) = \frac{1}{1 + e^{-(\alpha + \beta x_i)}} \tag{3-29}$$

这就是当ε_i取值为$\alpha+\beta x_i$时的累积分布函数，在这里ε_i被定义为一系列即影响事件发生概率的因素的线性函数，即

$$\varepsilon_i = \alpha + \beta x_i \tag{3-30}$$

式中，x_i 为自变量，α和β分别为回归截距和回归系数。这里以一元回归为例：将事件发生的条件概率标注为$P(y_i = 1 | x_i) = p_i$，就能得到下列 Logistic 回归模型

$$p_i = \frac{1}{1 + e^{-(\alpha + \beta x_i)}} = \frac{e^{\alpha + \beta x_i}}{1 + e^{\alpha + \beta x_i}} \tag{3-31}$$

其中 p_i 为第 i 个案例发生事件的概率，它是一个由解释变量 x_i 构成的非线性函数，但是这个非线性函数可以转变为线性函数。

首先，定义不发生事件的条件概率为

$$1 - p_i = 1 - \frac{e^{\alpha + \beta x_i}}{1 + e^{\alpha + \beta x_i}} = \frac{1}{1 + e^{\alpha + \beta x_i}} \tag{3-32}$$

那么，事件发生概率与事件不发生概率之比为

$$\frac{p_i}{1 - p_i} = e^{\alpha + \beta x_i} \tag{3-33}$$

这个比被称为事件的发生比，而且该发生比一定为正值，因为 $0 < p_i < 1$ 并且没有上界，将上述事件的发生比取自然对数就能够得到一个线性函数：

$$\ln \frac{p_i}{1 - p_i} = \alpha + \beta x \tag{3-34}$$

该公式将 Logistic 函数作了自然对数转换，称作 Logit 形式，也称作 y 的 Logit 即 Logit（y）。这一转换的重要性在于，Logit（y）有许多线性回归模型的性质，Logit（y）对于其参数而言是线性的，并且依赖于 x 的取值，它的值域为负无穷至正无穷。Logit 模型的系数α和β可以按照一般回归系数那样来解释，这就为非线性回归分析转变为线性回归提供了很好的途径。

有关文献中，对 Logistic 回归模型和 Logit 模型是根据所用自变量是否为连续变量来划分。有些学者将以分类自变量构成的模型称为 Logit 模型，而将既有分类自变量又有连续自变量的模型称为 Logistic 回归模型。为研究方便起见，本节中将两种模型统一称为 Logistic 回归模型。

下面对 Logistic 回归模型进行扩展，当有 k 个自变量时，公式（3-31）可以扩展为：

$$p_i=\frac{e^{\alpha+\sum_{k=1}^{k}\beta_k x_{ki}}}{1+e^{\alpha+\sum_{k=1}^{k}\beta_k x_{ki}}} \tag{3-35}$$

那么，相应的 Logistic 回归模型将会有以下形式：

$$\ln\frac{p_i}{1-p_i}=\alpha+\sum_{k=1}^{k}\beta_k x_{ki} \tag{3-36}$$

式中，$P(y_i=1|x_{1i},x_{2i},\cdots,x_{ki})$ 为给定自变量 $x_{1i},x_{2i},\cdots,x_{ki}$ 的值时的事件发生概率。

利用上述 Logistic 回归模型，运用到生态用地演变模型构建中，在获取各类生态用地演变影响因素作为自变量构成的样本基础上，计算生态用地变化与否的分类值，就能够使用这些分类数值分析和描述在特定条件下生态用地演变发生的概率，从而进一步分析生态用地演变的影响因素，为生态用地演变模型的建立奠定基础。

3.3 空间统计学分析法

在生态用地变化的空间分析中常使用传统的统计学方法，即基于最小平方和估计的线性回归方法（此处指的是经典线性回归模型），然而使用这些方法的前提条件是假定数据在统计上是独立的，并且均匀分布（Cliff，1981；Pontius 等，2001；Legendre 等，1998）。但是生态用地数据存在空间依赖关系，即所谓的空间自相关，某一变量的值随着测定距离的缩小而变得更相似或更为不同。具体地说，空间自相关系数是用来度量土地利用变量在空间上的分布特征及其对邻域的影响程度。如果某一变量的值随着测定距离的缩小而变得更相似，这一变量呈空间正相关；若所测值随距离的缩小而更得不同，则称为空间负相关；若所测值不表现为任何空间依赖关系，那么这一变量表现出空间不相关或空间随机性（图 3-2）（邬建国，2000；谢花林等，2006）。

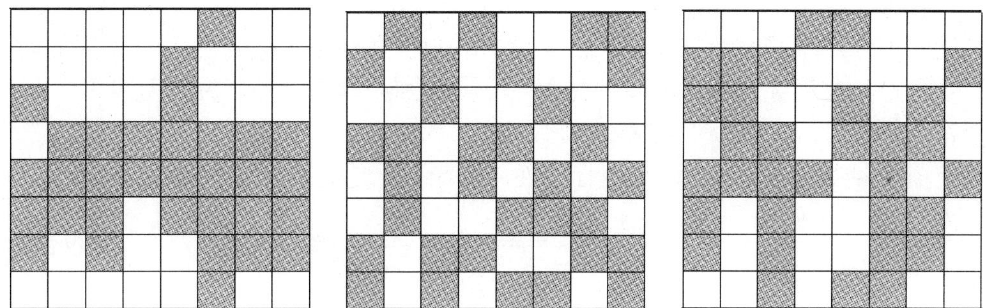

图 3-2　不同土地利用格局的空间自相关

一个 8×8 栅格网中的正相关（左），负相关（右），不相关（中），

图中不同的灰度值代表变量的不同值

空间统计学是指以区域化空间变量理论为基础，研究具有地理空间信息特征的事物或现象之间空间相互作用，从而总结归纳其变化规律的学科。应用空间统计学的理论及相应方法可以解决以下问题：研究空间分布数据的结构性和随机性，或者空间相关性与依赖性，或者空间格局与变异，并对这些空间数据进行最优无偏内插估计，最终模拟这些数据的离散性和波动性。

空间统计分析技术为区域生态用地变化研究提供了一种灵活方便的、交互式的可视化支持工具。在区域生态用地演变分析中，可以借助空间统计分析方法来解决以下问题：①可以在地图上显示出一个确定地域范围内的生态用地变化特征或与一个位置相联系的生态用地变化特征；②通过比较一个地区不同时期或多个地区同一时期的各种生态用地变化数据，可视化地表达生态用地变化趋势；③可以确定一个区域的整体生态用地变化情况和所有子区域间的联系。

空间统计分析方法是 GIS 重要的工作，主要基于空间数据进行空间和非空间数据的分类、统计、分析和综合评价。空间统计通过位置建立要素之间统计关系主要原因在于，空间邻近的要素通常比距离较远的资料具有比较高的相似性。同传统统计分析相比，空间统计分析的空间要素之间不独立，它们存在某种空间相关性，而且由于具有不同的空间解析度，因而会呈现不同的相关度。

3.3.1 关键变量分析

关键变量分析是利用变量之间的相似系数建立相关矩阵，通过用户确定的阈值从数据库变量集中找出一定数量的关联独立变量，进而消除其他冗余变量。

设有 n 个采样点，每个采样点有 m 个变量。变量之间的关系可以用相关系数

$r_{ij}\left(i,j=1\sim m\right)$表示，$r_{ij}$为变量 x_i, x_j 之间数据标准差标准化后的夹角的余弦 $0\leqslant r_{ij}\leqslant 1$。

$$r_{ij}=\frac{\sum_{k=1}^{n}(x_{ki}-\overline{x_i})(x_{kj}-\overline{x_j})}{\sqrt{\sum_{k=1}^{n}(x_{ki}-\overline{x_i})^2\sum_{k=1}^{n}(x_{kj}-\overline{x_j})^2}} \tag{3-37}$$

显然，$\left|r_{ij}\right|$越接近于 1，说明变量之间关系越密切；$\left|r_{ij}\right|$越接近于 0，则变量之间关系越疏远。选定某一阈值 t，比如 t=0.01， 0.04， 0.09， 0.16， 0.25……就可以从相关矩阵中将关系疏远的变量逐个挑选出来。

3.3.2 变量聚类分析

变量聚类分析是将一组采样点或变量，按其亲疏程度进行分类。采样点或变量的相似性可以用欧几里得距离（Euclidean distance）Ed_{ij}、马氏距离（Mahalonobis distance）Md_{ij}、且比雪夫距离、蓝氏距离或绝对距离来进行度量。这里重点介绍基于欧几里得距离和马氏距离的变量聚类和采样点聚类方法。

（1）变量聚类分析方法

设任意两个变量 x_i 、$x_j(i,j=1\sim m)$ 在 n 维采样空间的相似性可以用欧几里得距离 Ed_{ij} 和马氏距离 Md_{ij} 来度量：

$$\mathrm{Ed}_{ij}=\sqrt{\sum_{k=1}^{n}\left(x_{ik}-x_{jk}\right)^2} \tag{3-38}$$

式中，k 为采样点的编号（k=1～n）；x_{ik}、x_{jk} 为变量 x_i、x_j 在第 k 号采样点的数据值。

$$\mathrm{Md}_{ij}=\left(X_i-X_j\right)'\sum{}^{-1}\left(X_i-X_j\right) \tag{3-39}$$

式中，X_i 和 X_j 为变量 x_i、x_j 对应 n 个采样点的数据向量；$\sum{}^{-1}$ 为逆协方差。

距离 Ed_{ij} 或 Md_{ij} 越小，说明两个变量的相似性越大。

（2）采样点聚类分析方法

设任意两个采样点 i，j（i，j=1～n）在 m 维变量空间的相似性可以用欧几里

得距离 Ed_{ij} 或马氏距离 Md_{ij} 来度量：

$$\mathrm{Ed}_{ij}=\sqrt{\sum_{k=1}^{m}(x_{ik}-x_{jk})^2} \tag{3-40}$$

式中，k 为变量的编号（k=1～m）；x_{ik}、x_{jk} 为采样点 i，j 的第 k 号变量的数据值。

$$\mathrm{Md}_{ij}=\left(X_i-X_j\right)'\sum^{-1}\left(X_i-X_j\right) \tag{3-41}$$

式中，X_i 和 X_j 为变量 x_i、x_j 对应 n 个采样点的数据向量；$\sum^{-1}$ 为逆协方差。

距离 Ed_{ij} 或 Md_{ij} 越小，说明两个变量的相似性越大。

3.3.3 空间自相关方法

像空间自相关这样的空间结构可以通过结构函数来描述。最普遍使用的结构函数是自相关图、方差图和周期图。它们可以用来度量每个单位距离（步长）的空间自相关程度。自相关图是自相关值与相对应的间隔距离所作的图。它可以计算单变量数据（Moran 的 I 系数或 Geary 的 C 系数），也可以计算多变量数据（Mantel 自相关图）（Moran，1950；Geary，1954；Legendre 等，1998）。生态用地变化演变研究可以使用 Moran 的 I 系数自相关图来分析。选用自相关图而不选用半方差图是基于两个原因：一是相关系数（这里指 Moran 的 I 系数）的显著水平可以得到检验；二是自相关图已标准化，可以进行不同案例的比较研究（Legendre，1989；Meisel，1998）。

$$I=\frac{1}{\sum_{i=1}^{n}\sum_{j=1}^{n}w_{ij}}\cdot\frac{\sum_{i=1}^{n}\sum_{j=1}^{n}w_{ij}(x_i-\bar{x})}{\sum_{i=1}^{n}(x_i-\bar{x})^2/n}\qquad i\neq j \tag{3-42}$$

式中，x_i 和 x_j 是变量 x 在相邻配对空间单元（或栅格细胞）的取值；$\bar{x}$ 为 n 个位置的属性值的平均值；w_{ij} 是通用交叉积统计中的二元空间权重矩阵 w 的元素，可以基于邻接标准或距离标准构建，反映空间目标的位置相似性；C_{ij} 反映空间目标的属性相似性，由 $(x_i-\bar{x})(x_j-\bar{x})$ 给出。$(x_i-\bar{x})(x_j-\bar{x})$ 表示考虑所有的空间单元（或栅格细胞），将单元 i 的值 x_i 减去所有的平均值 $\bar{x}$，再将得到的值 $(x_i-\bar{x})$ 与单元 j 的值 x_j 减去所有的平均值 $\bar{x}$ 而得到的值 $(x_j-\bar{x})$ 相乘。

Moran 的 I 系数反映空间邻接或空间邻近的区域单元的属性值的相似程度。与统计学上的一般相关系数一样，Moran 的 I 系数的数值在–1 至+1 之间：小于 0 表示负相关，等于 0 表示不相关，大于 0 表示正相关。

生态用地演变特征可以通过回归分析的残差来分析空间自相关性。如果自相关存在于回归残差中，这表明回归模型中可能有一个自回归结构；或回归模型中自变量和因变量之间存在非线性结构（趋势面分析）；或者回归模型中丢失了一个甚至更多重要的回归变量（Cliff，1981；Griffith，1992；Miron，1986；Long，1998）。

3.3.4 空间自相关

一般来讲，空间结构的存在有两个主要的原因。第一个原因是空间结构可能是由因变量 y 依赖于一个或几个有空间结构的自变量 x 造成的。这种格局反作用于其他变量。这也就是所谓的趋势或梯度。第二个原因是当产生 y 值的过程本身具有空间性且样点间相互作用时空间结构也会出现（Cliff，1981；Legendre，1998）。当然，实际上这种反作用和交互作用都可能影响空间结构。

辨识空间自相关到底是由于对外力的反作用还是与邻近单元的相互作用中的哪一个效应占主导地位引起的。当反作用效应是主要的影响时，选用一般的回归模型比较适合。而当相互作用效应要求模型在空间上依赖于一个协方差结构时，为了最佳的拟合模型，检验回归模型的残差是否具有空间自相关很重要。当证明存在空间自相关时，可能的解决方法是通过随机抽样来避免空间自相关，然后应用传统的统计检验来分析（Verburg，2000），但事实上这样会丢失一些有用的信息。

3.3.5 空间自回归模型

根据空间数据的自相关性，可以利用已知样本空间数据值对任意未知数据进行预测，这就涉及空间回归分析，利用因变量和解释变量建立回归模型，以预测未知数据的定量分析值。

3.3.5.1 经典线性回归

空间线性回归模型是在传统线性回归理论基础上发展和扩充来的，所以由传统线性回归的成立条件，引入空间线性回归模型。

传统线性回归模型（classical linear regression model，CLRM）需要满足以下 10 个假设条件，这样其点估计才能具有最优线性无偏估计（Guijiarati，1995），CLRM 模型有如下假设：

（1）假设线性回归模型有：$Y_1=\beta_1+\beta_2X_i+u_i$；

（2）回归模型没有指定偏差或误差；

（3）观察数 n 总是大于自变量数；

（4）这里自变量 X 被假设是随机的，X 值在重复抽样下是固定的，用来符合回归要求；

（5）X 值是变化的；

（6）满足 $E\left(u_i \mid X_i\right)=0$，即因变量 Y 的均值不受系统之外的因素影响，也即 $E\left(u_i \mid X_i\right)=\beta_1+\beta_2X_i$；

（7）满足残差 u 的同方差性，即 $Var\left(u_i \mid X_i\right) \equiv E\left[u_i-E\left(u_i\right) \mid X_i\right]^2=E\left(u_i^2 \mid X_i\right)$；

（8）满足残差无自相关，即

$\operatorname{cov}\left(u_i,u_j \mid X_i,X_j\right) \equiv E\left[u_i-E\left(u_i\right) \mid X_i\right]\left[u_j-E\left(u_j\right) \mid X_j\right]=0$；

（9）满足 $E\left(u_iX_i\right)=0$，即自变量 X 和残差 u 对 Y 的作用相互独立；

（10）没有完美共线性。

保证无偏就必须满足上述 10 个假设后，由此可知：$E\left(\hat{\beta}_2\right)=\beta_2$，最优：$E\left[\hat{\beta}_2-E\beta_2\right]^2<[E\beta_2^*-E\beta_2]^2$，CLRM 模型成立。

将 CLRM 模型进行残差补充，使之符合标准正态分布：$\mu_i \sim N(0,\sigma^2)$，即可生成线性正态回归模型（classical normal linear regression model，CNLRM），此时 $\hat{\beta}_1 \sim N(\beta_1,\sigma_{\beta_1}{}^2)$；$\hat{\beta}_2 \sim N(\beta_2,\sigma_{\beta_2}{}^2)$；$Y_i \sim N(\beta_1+\beta_2X_i,\sigma^2)$。其中，$\hat{\beta}$ 为 β 的最小二乘估计。

3.3.5.2 空间线性回归

无论是 CNLRM 还是 CLRM，其条件很难满足空间分布数据，为此进一步的空间线性回归模型（spatial linear regression model，SLRM）逐步发展起来（Anselin，1988）。其一般形式：

$$y=\rho W_1y+X\beta+e \tag{3-43}$$

$$e=\lambda W_2 e+\mu,\mu\sim N\left(1,W\right),W_{ii}=h_i\left(za\right),h_i>0 \tag{3-44}$$

式中，β为$K\times 1$的矩阵，即$\begin{bmatrix}\beta_1\\ \beta_2\\ \vdots\\ \beta_k\end{bmatrix}$$K$为变量数；$X$为$N\times K$的矩阵，$N$为变量值（$x_1$，$x_2$，…，$x_n$）的记录数；$e$是残差；$\rho$是空间延迟依赖变量系数；$\lambda$为残差$e$的自相关结构中系数；$\mu$指具有$W$的正态分布；$W$为对角线协方差矩阵；$W_1$，$W_2$是空间权重矩阵。

（1）当ρ=0，λ=0，a=0 时，

$$y=X\beta+e \tag{3-45a}$$

即为经典的线性回归模型，无空间效应。

（2）当λ=0，a=0 时

$$y=\rho W_1 y+X\beta+e \tag{3-45b}$$

即是混合回归空间自回归模型。

（3）当ρ=0，a=0 时，

$$y=X\beta+\left(I-\lambda W_2\right)^{-1}\mu \tag{3-45c}$$

（4）当 a=0 时

$$y=\rho W_1 y+X\beta+\left(I-\lambda W_2\right)^{-1}\mu \tag{3-45d}$$

即是具有空间自回归扰动项的混合回归空间自回归模型。

通过简化处理，得出空间线性回归通用模型（Haining，1990）为：

$$B\left(Y-\mu\right)=Ce \tag{3-46}$$

式中，矩阵C由具体模型确定；矩阵B由单位矩阵I计算而得；μ为真实值的矢量，而Y为估计值矢量。

空间格数据首先具有整体的空间分布趋势，通过趋势面模型或利用一般回归分析可以刨除这种空间趋势。然后，可利用格数据观测值本身与一般线性回归估计值分析空间相关性的存在。即假定格数据观测值 Y 与一般回归分析估计值μ存

在的关系式（3-22），其中，e 为均值为零的 $n\times 1$ 维矢量，且 $e'e=\sigma^2 Ve$（e 为误差，V 为计算矩阵），而 Ve 为一对角矩阵，$\sigma^2 Ve=\sigma^2 I$ 时，可认为 e 是随机误差矢量；μ为均值；B 和 C 均为 $n\times n$ 维非奇异矩阵，$B=\{b\}$，且 $b_{ii}=1\forall i$ 于是，观测值 Y 的离差矩阵为：

$$V=E\left[(Y-\mu)(Y-\mu)^T\right] \tag{3-47a}$$

$$=E\left[B^{-1}Cee^T C^T\left(B^{-1}\right)^T\right] \tag{3-47b}$$

$$=\sigma^2\left[B^{-1}CVe^T C^T\left(B^{-1}\right)^T\right] \tag{3-47c}$$

矩阵 B，C 可以作为观测值 Y 的空间联立概率分布，可反映出格数据的空间关系。空间对象关系的不同，B，C 的取值不同，由此生成各种空间回归模型，分别是：空间自相关回归模型（simultaneous autoregressive model，SAR），空间移动平均回归模型（moving average model，MA）；空间条件自回归模型（conditional regressive model，CAR）。

（1）空间自相关回归模型（SAR）

关系式（3-46）中，取 $C=I,B=(I-S)$，同时 $(I-S)$ 可逆，且反映空间对象关系的 S 矩阵的对角线元素为零，对象和其本身之间空间相关系数为零。于是有

$$V=\sigma^2\left[(I-S)^T(I-S)\right]^{-1} \tag{3-48}$$

$$\mathrm{cov}(e,Y)=E\left[e(Y-\mu)^T\right]=\sigma^2\left(I-S^T\right)^{-1} \tag{3-49}$$

以及

$$Y_i=\mu_i+\sum_j S_{ij}\left(Y_i-\mu_j\right)+e_i \tag{3-50}$$

式中，i 为第 i 个空间研究对象；μ_i 为其属性均值；S_{ij} 为 S 矩阵中的元素值；Y_j 为相邻单元属性值；μ_j 为该属性平均值；e_i 为随机误差变量。

（2）空间移动平均回归模型（MA）

关系式（3-46）中，取 $C=(I+M),B=I$，同样，M 矩阵对角线元素取值为零，于是有

$$V=\sigma^2\left[(I+M)^T(I+M)\right] \tag{3-51}$$

$$\mathrm{cov}(e,Y)=E\left[e\left(Y-\mu\right)^T\right]=\sigma^2\left(I+M^T\right) \tag{3-52}$$

$$Y_i=\mu_i+\sum_j m_{ij}e_j+e_i \tag{3-53}$$

式中，m_{ij}为在第 i 个空间对象上的移动系数。

（3）空间条件自回归模型（CAR）

如果继续考虑研究对象 Y 存在条件概率分布，那么每个研究对象的给定条件概率分布为：

$$\Pr\left\{Y_i=y_i\mid\left\{y_j\right\},j\in N\left(i\right)\right\} \tag{3-54}$$

式中，$N(i)$是 i 的相邻对象。

对于整个观测样本的概率函数值而言，$\Pr\left\{y_i,\cdots,y_n\right\}$为联立概率分布。自回归模型可以根据条件密度函数的假定条件，进行进一步的分类。

比如假定条件期望值为：

$$E[Y_i|\text{所有其他点的值}]=\mu_i+\sum_{j\neq i}K_{ij}\left(y_j-\mu_j\right) \tag{3-55}$$

$$\text{且}\,Var[y_i|\text{所有其他点的值}]=\sigma^2 \tag{3-56}$$

则有 Y 的联合密度函数符合均值为μ_i，方差为 V 的正态分布情况下，由于

$$V=\left(1-K\right)^{-1}M \tag{3-57}$$

$$M=diag\left(\sigma_1{}^2,\cdots,\sigma_n{}^2\right) \tag{3-58}$$

这时给定$M=\sigma^2I,B=\left(I-K\right)$，则 Y 的联立概率密度函数为

$$\left|B\right|^{1/2}(2\pi\sigma^2)^{-1/2}\exp\left[-\left(1/2\sigma^2\right)\left(y-\mu\right)^T B\left(y-\mu\right)\right] \tag{3-59}$$

在对格数据特点分析的基础上，制定不同的 M，K，则得到不同条件下空间自回归模型。

除去空间对象的分布位置决定了对象间的关系外，根据空间对象的相对位置以及对象间相会作用及传递，产生权重矩阵，作为空间相关性表达的因素，加入到回归模型中进行分析。由于空间对象之间关系的作用传递可以包括不同的阶来

表达。其中，首阶是直接相邻的对象之间存在相关关系，次阶则包括直接相邻的对象之间和间接相邻的对象之间通过中间的对象一阶传递而产生相关关系，而高阶的空间相关关系则由于多个中间对象的关系传递而产生冗余，因此一般空间回归分析采用二阶空间回归分析。

3.3.6 空间模型拟合度的测量

当存在空间自相关对空间模型进行拟合度的测量时，给每个观测值赋予相同的权重没有多大的意义。这样传统的测量模型拟合度指标——决定系数 R^2 不太适合空间滞后模型。然而可以计算一些所谓的类决定系数 R^2，这些类决定系数 R^2 可以用来测量模型的拟合度。本研究使用的类决定系数 R^2 定义为预测值的方差与因变量的方差之比。在标准的回归模型中这个方差比等同于经典决定系数 R^2，但在空间滞后模型中不等同（Anselin，1988）。这个类决定系数 R^2 一般可用来评价模型的拟合度，但在标准的回归模型中没有任何实际意义。因此，经典 R^2 和类 R^2 不可比较，但可以比较不同空间模型的类决定系数 R^2（谢花林等，2006）。

基于最大似然估计的空间模型的拟合优度指标包括最大似然对数值（LIK）、Akaike 信息指标（AIC）和 Schwartz 指标（SC）。如果模型中 LIK 越大（或 AIC 或 SC 很小），则模型的拟合优度越高（Anselin，1988）。LIK 不像经典决定系数 R^2，因此不能作为模型拟合优度的绝对指标（Anselin，1988）。

3.4 模型模拟法

3.4.1 元胞自动机模型

3.4.1.1 元胞自动机概念

元胞自动机（cellular automata，CA）是空间和时间都离散、参量只取有限数值集的物理系统的理想化模型。元胞自动机应用的首创者当属 Von Neumann，他将之应用于自繁殖系统的逻辑特性研究，并根据他的元胞自动机思想建立了大型；并行计算的第一适用模型。而数学家 Conway 在 1970 年用编制的“生命游戏”是最著名的一个在计算机上实现的典型的元胞自动机模型。进入 20 世纪 80 年代以来，元胞自动机研究有了新的进展，科学家们利用这一模型十分简洁地复制出了复杂现象演化中经常出现的分岔、自相似性等现象。近十几年来，CA 已广泛应用于生物医学、地震学、神经系统及流体力学等领域，这些研究使元胞自动机成为研究复杂系统演化的一种重要方法。

元胞自动机被定义为是一个空间和时间都离散的动力系统，散布在规则格网（Lattice grid）中的每一个元胞取有限的离散状态，遵循同样的作用规则，依据确定的局部规则作同步更新。大量元胞通过简单的相互作用而构成动态系统的演化，同时，元胞自动机不是由严格定义的物理方程或函数确定，而是用一系列模型构造的规则构成，凡是满足这些规则的模型都可以算作是元胞自动机模型。因此，元胞自动机模型是一类模型的总称，其特点是时间、空间、状态都离散，每个变量只取有限多个状态，且状态的改变规则在时间和空间上都是局部的（周成虎，1999）。

元胞自动机用形式语言的方式来描述，可以表示为一个四元组：

$$\mathrm{CA} = (L_d, S, N, f) \tag{3-60}$$

式中，L 代表一个规则划分的网格空间，每个网格空间就是一个元胞；d 为 L 的维数，通常为一维或二维空间，理论上可以是一个任意正整数维的规则空间；S 代表一个离散的有限集合，用来表示各个元胞的状态 s；N 代表元胞的邻居集合，对于任何元胞的邻居集合 $N \in L$，设邻居集合内元胞数目表示为 n，那么，N 可以表示为一个所有邻域内元胞的组合，即包含 n 个不同元胞状态的一个空间矢量，记为：

$$N = (s_1, s_2, s_3, \ldots, s_n), \quad s_i \in Z,\ i \in (1,\ \cdots,\ n)$$

f 表示一个映射函数：$S_t^n \to S_{t+1}$，即根据 t 时刻某个元胞的所有邻居的状态组合来确定 t+1 时刻该元胞的状态值，f 通常又被称作转换函数或演化规则。

3.4.1.2 元胞自动机的组成

元胞自动机最基本的组成包括五个部分：元胞（Cell）、元胞空间（Lattice）、邻居（Neighbor）、规则（Rule）及时间（Time）（图 3-3）。简单地讲，元胞自动机可以视为出一个元胞空间和定义于该空间的变换函数所组成（周成虎等，1999）。所有元胞相互离散，构成一个元胞空间：在某一时刻一个元胞只能有一种状态，而且该状态取自一个有限的集合：邻居是元胞周围按一定形状划定的元胞集合，它们影响元胞下一个时刻的状态；元胞规则定义了元胞状态的转换规则。

元胞实体所代表空间的地理意义，是建模者的地理认知决定的，经典地理学中，这一地理认知表现为空间概念。根据针对应用的分类标准，空间概念可以分为几何空间概念、地理空间概念和应用性地理概念三类。几何空间概念包括点、线、面等空间目标，用来描述地理事物的空间分布特征和位置特征。地理空间概念是对地理事物进行客观描述的空间概念，例如桥、森林、丘陵等。应用性地理概念是具有很强应用色彩的地理概念，例如资源、环境等。根据前人的研究，标准元胞自动机是基于几何空间概念的模型，适于地理系统和地理过程模拟的元胞自动机空间概念是地理空间概念，而满足某一具体资源环境系统应用的元胞自动机空间概念是应用性地理概念。从概念层次上来讲，地理特征元胞自动机是基于地理空间概念的模型（图 3-3）。

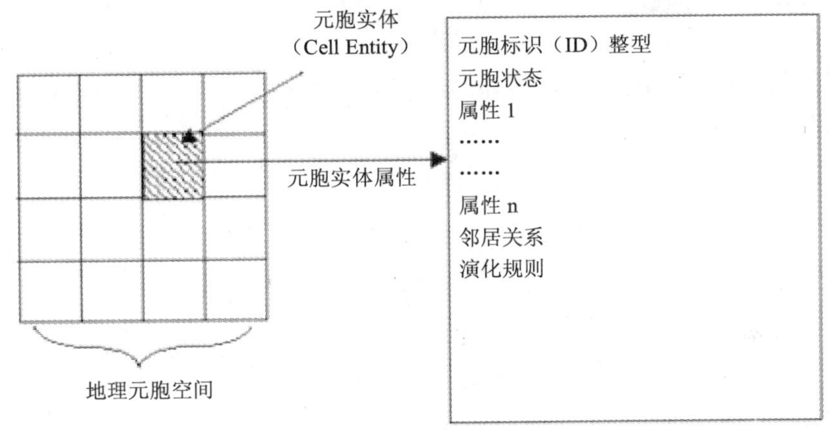

图 3-3　地理元胞自动机概念模型

（1）元胞

元胞又可称为单元，是元胞自动机的最基本的组成部分。元胞分布在离散的一维、二维或多维欧几里得空间的晶格点上，具有离散、有限的状态。状态可以是{0，1}的二进制形式。也可以是{s_0，s_1，s_2，s_3，…，s_k，}整数形式的离散集合。严格意义上，元胞自动机的元胞只能有一个状态变量，但在实际应用中，往往将其进行扩展。例如每个元胞可以拥有多个状态变量，李才伟（1997）在其博士论文中就设计实现了称为“多元随机元胞自动机”的模型，并且定义了元胞空间的邻居关系，由于邻居关系，每个元胞有有限个元胞作为它的邻居。

（2）元胞空间

元胞空间是元胞所分维的空间网点集合。元胞空间的划分在理论上可以是任意维数的欧几里得空间规则划分。目前研究主要集中在一维和二维元胞自动机上。对于一维元胞自动机，元胞空间的划分只有一种，而高维的元胞自动机，元胞空间的划分可有多种形式。最为常见的二维元胞自动机，其元胞空间通常可按三角形、四边形或六边形三种网格排列。

（3）邻居

以上的元胞及元胞空间只表示了系统的静态成分，为将“动态”引入系统，必须加入演化规则。在元胞自动机中，这些规则是定义在空间局部范围内的，即一个元胞下一时刻的状态决定于本身状态和它的邻居元胞状态，因此，在指定规则之前，必须定义一定的邻居规则，确定哪些元胞属于该元胞的邻居。在一维元胞自动机中，通常以半径 r 来确定邻居，距离一个元胞，半径范围内的所有元胞都被认为是该元胞的邻居。二维元胞自动机的邻居定义较为复杂，但通常有以下几种形式（以最常用的规则四方网格划分为例，如图 3-4 所示），黑色元胞为中心元胞，灰色元胞为其邻居，它们的状态一起来确定中心元胞在下一时刻的状态。

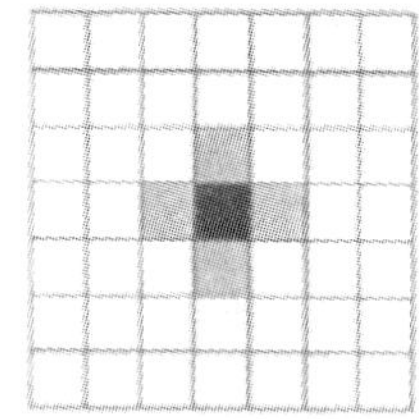

（a）Von Neumann 型

（b）Moore 型

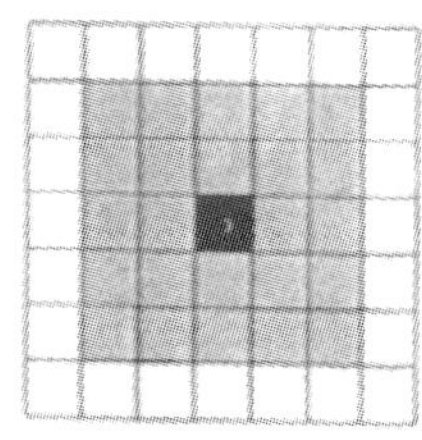

（c）扩展的 Moore 型

图 3-4 元胞自动机的邻居模型

a）Von Neumann 型

一个元胞的上、下、左、右相邻四个元胞为该元胞的邻居。这里，邻居半径 r 为 1，相当于图像中的四邻域。其邻居定义如下：

$$N_{\text{Neumann}}=\left\{v_i=(v_{ix},v_{iy})\left|v_{ix}-v_{ox}\right|+\left|v_{iy}-v_{oy}\right|\leqslant 1,\left(v_{ix},v_{iy}\right)\in Z^2\right\} \tag{3-61}$$

式中，V_{ix} 和 v_{iy} 表示邻居元胞的行列坐标值，v_{ox} 和 v_{oy} 表示中心元胞的行列坐标值。此时，对于四方网格，在维数为 d 时，一个元胞的邻居个数为 $2d$。

b）Moore 型

一个元胞的相邻八个元胞为该元胞的邻居。邻居半径 r 为 1 时，相当于图像处理中的八邻域或八方向。其邻居定义如下：

$$N_{\text{Moore}}=\left\{v_i=(v_{ix},v_{iy})\left|v_{ix}-v_{ox}\right|\leqslant 1,\left|v_{iy}-v_{oy}\right|\leqslant 1,\left(v_{ix},v_{iy}\right)\in Z^2\right\} \tag{3-62}$$

式中，v_{ix}、v_{iy}、v_{ox} 和 v_{oy} 意义同前。此时，对于四方网格，在维数为 d 时，一个元胞的邻居个数为（3^d-1）。

c）扩展的 Moore 型

将以上的邻居半径 r 扩展为 2 或者更大，即得到所谓扩展的摩尔性邻居。其数学定义可表示为：

$$N_{\text{Moore}'} = \left\{ v_i = (v_{ix}, v_{iy}) \middle| \left|v_{ix} - v_{ox}\right| + \left|v_{iy} - v_{oy}\right| \leqslant r, \left(v_{ix}, v_{iy}\right) \in Z^2 \right\} \tag{3-63}$$

对于四方网格，在维数为 d 时，一个元胞的邻居个数为（$2r$+1）^{d}–1。

d）Margolus 型

这是一种同以上邻居模型迥然不同的邻居类型，它是每次将一个 2×2 的元胞作统一处理，而上述三种邻居模型中，每个元胞是分别处理的。

（4）规则

根据元胞当前状态及其邻居状况确定下一时刻该元胞状态的动力学函数，就是一个状态转移函数。将一个元胞的所有可能状态连同负责该元胞的状态变换的规则一起称为一个变换函数（史忠植，1998）。它构造了一种简单的、离散的空间、时间范围的局部物理成分，要修改的范围里采用这个局部物理成分对其结构的“元胞”重复修改。这样，尽管物理结构的本身每次都不发展，但是状态在变化，记为 $f: S_i^{t+1} = f(S_i^t, S_N^t)$， S_N^t 为 t 时刻的邻居状态组合，f 为元胞自动机的局部映射或局部规则。

（5）时间

元胞自动机是一个动态系统，它在时间维上的变化是离散的，即时间 f 是一个整数值，而且连续等间距。假设时间间距 dt=1，若 t=0 为初始时刻，那么 t=1 为其下一时刻。在上述转换函数中，一个元胞在 t+1 的时刻直接决定于 f 时刻的该元胞及其邻居元胞的状态，虽然在 t=1 时刻的元胞及其邻居元胞的状态间接（时间上的滞后）影响了元胞在 t+1 时刻的状态。

3.4.2　SLEUTH 模型

SLEUTH 模型是一种应用自适应元胞自动机模拟城市增长及其土地利用变化的模拟模型，由加利福尼亚大学圣巴巴拉分校 Keith C.Clarke 教授基于 C++程序开发而来，模型的主要假设是未来现象可以由过去真实数据模拟得到，同时假设历史增长趋势是持续的。该模型包括两个子模型，即城市增长子模型（urban growth model，UGM）和土地利用/覆盖 Deltatron 子模型（land cover deltatron model，LCD），两者紧密耦合，其中 UGM 子模型可以单独运行，LCD 子模型由 UGM 子模型调用和驱动。SLEUTH 模型得自其输入数据首字母的缩写组合：坡度层（slope），土地利用层（land-use），排除层（excluded），城市范围层（urban），交通层

（transportation）和阴影层（hillshade）（马爱功，2009）。

SLEUTH 模型包含三个模块：测试模块、校准模块和预测模块。测试模块确保模型正确编译和运行，同时用于城市增长的历史重建；校准和预测模块是模型的主体，也是最复杂、耗时最多的部分，用于预测城市增长。该模型运行的基本流程如图 3-5 所示。

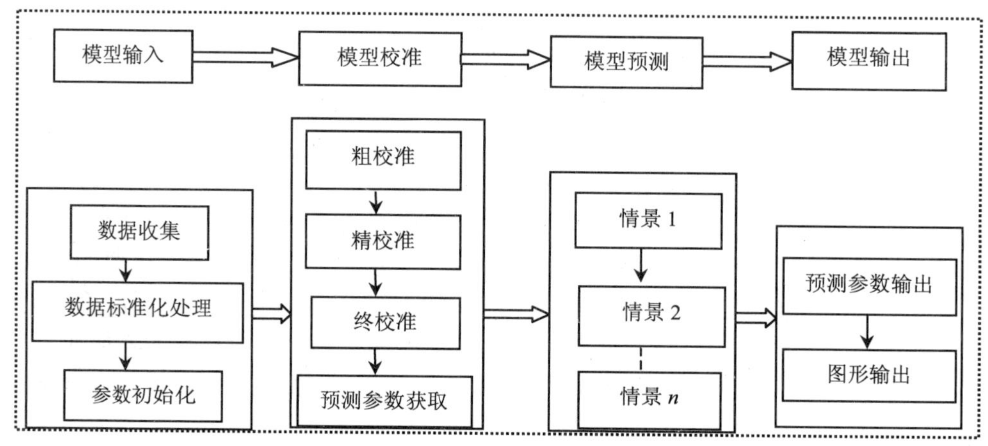

图 3-5 SLEUTH 模型运行流程（马爱功，2009）

增长环（growth cycle）是 SLEUTH 模型运行的基本单位，如图 3-5 首先进行各系数初始化，然后应用模型各增长规则，再次比较各增长规则的城市增长率总和与增长速度的临界值，如果增长率超出最高临界值（critical_high）或未达到最小临界值（criticalwe low），自修改规则自动调整系数值以模拟城市的繁荣（boom）或萧条（bust）状态，最后再反馈给模型开始新一轮的增长模拟。复杂的模拟由初始条件和一系列增长环组成，假设一个增长环表示增长一年，则：一次模拟的增长环个数=模拟结束日期－模拟初始日期。

3.4.2.1 SLEUTH 模型增长系数

SLEUTH 模型包含 5 个增长控制系数：散布（扩散）系数（diffusion（dispersion）coefficient），繁殖系数（breed coefficient）、扩展系数（spread coefficient）、坡度系数（slope coefficient）、道路重力系数（road-gravity coefficient）。这 5 个增长系数值通过对模拟结果与历史年份数据的比较进行校准获得，各系数值的取值范围都在 0～100。下面分别详细阐述 5 个系数以及它们影响的转换规则类别：

（1）散布系数（dispersion coefficient）

散布系数控制着自发增长（spontaneous growth）和道路影响增长（road influenced growth）过程。在自发增长过程中，散布系数决定一个像元被随机选择成为可能的城市化元胞的次数，由散布系数得到的值：

Dispersion_value=（(dispersion_coeff × 0.005）× sqrt（rows_sq + cols_sq））

式中：Dispersion_value 的最大值是该图像对角线上值的 50%，Dispersion_value 应用于自发增长：

For（*k*=0；*k*＜dispersion_value；*k*++）
{select pixel（*i*，*j*）at random try to urbanize（*i*，*j*）}

同时散布系数控制沿着道路随机移动的像元数，散布系数应用于道路影响增长过程中：

Run_value=（roads（*i*，*j*）/max_road_value×dispersion coefficient）

式中：Run_value 是沿着道路移动的最大步长数，当 roads(*ij*)=max_road_value，并且 dispersion_coefficient=100 时，达到其最大值 100。

（2）繁殖系数（breed coefficient）

繁殖系数决定一个自发增长形成的城市化像元成为一个新的扩展中心的概率。用于新扩展中心增长和道路影响增长。在新扩展中心增长中，假设新城市化的自发增长单元为（*i*，*j*），则：

If（random_number＜breed_coefficient）{try to urbanize two（*i*，*j*）neighbors}

在道路影响增长中繁殖系数决定一个元胞在道路上移动的次数，繁殖系数用于道路增长为：

For（*k*=0；*k*＜=breed_coefficient；*k*++）{head off on a road trip}

（3）扩展系数（spread coefficient）

扩展系数用于边界增长（edge growth，决定一个扩展中心（在 3×3 邻居构型中，城市像元数大于 2 个）周围任一像元在其邻域产生另外一个城市像元的可能性：

If（random_number＜spread_coefficient）{try to urbanize a neighboring pixel}

（4）坡度系数（slope coefficient）

较低的坡度更适宜于城市建设，当坡度增加到一定值时不再适宜于城市建设，该值就是临界坡度（critical_ slope）。坡度对于城市建设的压力是动态的，取决于可利用的平坦土地的比例和坡度区域与已城市化区域的接近程度。坡度系数影响所有增长规则。当某一位置通过城市化适宜性测试时，就要考虑该位置的坡度了。百分比坡度和城市的发展不是简单的线性关系，坡度系数相当于一个乘法器。如果坡度系数高，逐渐增大坡度的区域城市化概率就比较低；相反，当坡度系数接近零时，局部坡度的增加对城市化概率的影响较小。

（5）道路重力系数（road gravity coefficient）

道路重力系数吸引新的居民点沿着道路分布，控制着道路影响增长。在道路影响增长过程中，道路重力系数决定了图像维数的比例，进而决定一个选定像元的最大搜索距离。道路重力系数为：

rg_value=（rg_coeff/MAX_ROAD_VALUE）×（(row+col）/16.0）

式中，MAX_ROAD_VALUE=100，row 和 col 是图像的行和列数。在最大值时（rg_coef=100）是最大图像维数的 1/16。如果（rg_coeff）小于 100. rg_value 将是一小于图像维数 1/16 的比例。rg-value 应用到道路影响增长（road-influenced growth）中：

Max_search_index=4×（rg_value×（1+rg_value)）

式中，rg_value 是从被选择的城市像元到道路的最大的邻居数。第一个邻居（rg_value=1）选择邻近城市像元的 8 个元胞。第二个邻居（rg_value=2）选择第一个邻居外围邻近的 16 个像元……，用这种方式，继续向外搜索道路，直到找到一个道路或者搜索距离大于 max_search_index 时终止。

3.4.2.2 SLEUTH 模型增长规则

SLEUTH 模型由一系列输入数据初始化开始运行，通过增长规则来模拟得到城市扩展过程（Gigalopolis，2003），这些规则是：自发增长（spontaneous growth）、新扩展中心增长（new spreading center growth）、边界（有机）增长 edge（organic）（growth）、道路影响增长（road-influenced growth）。

（1）自发增长（spontaneous growth）

自发增长表示地面上随机城市化点的出现，意味着在元胞自动机框架里，栅格上的任何一个非城市化元胞在任何时间序列上都有一定的被城市化的可能性。假设 t 时刻在（i，j）位置的元胞在 t+1 时刻城市化，则可用以下公式表示：

$$U(i,j,t+1)=f_1(Dispersion\_coefficient, slope\_coefficient, U(i,j,t), random)$$

其中 *Dispersion_coefficient* 系数确定自发增长全局城市化概率；*slope_coefficient* 系数确定局部坡度加权概率；*random* 变量控制过程的随机性。如果该元胞已经城市化或者被排除城市化，该元胞将不改变，因此转化的能力取决于元胞自身的状态值。

（2）新扩展中心增长（new spreading center growth）

新扩展中心增长控制新建立的自发增长的城市元胞变成新的扩展中心的可能性，决定是否任何新的自发增长的城市元胞成为新的扩展中心。全局变量繁殖系数（breed coefficient）决定每一个新的城市元胞 U（f，j，t+1）变成新的扩展中心 U'（i，j，t+1）的概率，用以下公式表示：

$$U'(i,j,t+1)=f_2\left(bread\_coefficient,U(i,j,t+1),random\right)$$

如果一个城市化元胞要成为一个新的扩展中心，在其邻居中的两个元胞也必须城市化。因此一个城市扩展中心至少有 3 个或者 3 个以上的城市化元胞。这一步的实现依赖于坡度系数和邻近元胞是否已被城市化。

（3）边界增长（edge growth）

边界增长指从已存在的城市扩展中心边界向外扩展，这种增长的中心包括沿新扩展中心增长中生成的新中心和原有城市扩展中心增长的总和。因此如果一个非城市元胞在其周围至少有 3 个相邻的城市元胞，在坡度系数允许发展的前提下，则该元胞有由扩展系数决定的一定的全局概率使其城市化。边界增长可以用以下公式表示：

$$U'(i,j,t+1)=f_3\left(spread\_coefficient,slope\_coefficient,U(i,j,t),U(k,l),random\right)$$

式中，（k，l）是距离元胞（i，j）最近的邻居。

（4）道路影响增长（road-influenced growth）

道路影响增长由存在的交通道路网和在前面三步最近城市化的元胞决定。控制路边产生的扩展中心沿着交通线模拟新增长的趋势。用繁殖系数（breed wefficient）确定概率，在时间 t+1 选择新的城市化元胞，并且在它们附近寻找一条道路。如果在给定的最大的范围内（道路重力系数决定）发现一条道路，则在最接近于选择点元胞的道路点上临时设置城市元胞。接着，临时的城市元胞沿着那些道路随机移动（散布系数决定其移动步数）。这个临时的城市化元胞被认为是一个新的扩展中心。如果在道路上与临时的城市化元胞相邻的元胞适合城市化，它将被城市化。在道路上产生临时城市化元胞定义如下：

$$U'(i,l,t+1)=f_{4.1}\left(U(i,j,t+1),road\_gravity\_coefficient,R(m,n),random\right)$$

其中 i，j，k，l，m，n 是元胞的位置坐标，R（m，n）定义一个道路元胞。在道路上的随机移动定义如下：

$$U''(i,j,t+1)=f_{4.2}\left(U'(i,j,t+1),dispersion\_coefficient,R(m,n),random\right)$$

式中，（*i*，*l*）是邻近（*k*，*1*）的道路元胞，如果定义临时的城市化元胞随机移动结束点的位置为（*p*，*q*），那么这个新的邻近的城市扩展中心定义如下：

$$U'''(i,j,t+1)=f_{4.3}\left(U''(p,q,t+1),R(m,n),slope\_coefficient,random\right)$$

另外两个邻近的城市化元胞定义如下：

$$U''''(i,j,t+1)=f_{4.4}\left(U'''(p,q,t+1),R(m,n),slope\_coefficient,random\right)$$

式中，（*i*，*j*）和（*k*，*1*）是（*p*，*q*）最近的两个邻居。

（5）自修改规则（self-modification）

SLEUTH 模型是一款自修改元胞自动机，增长环是 SLEUTH 模型运行的基本单位。对于每一个增长环，其城市增长速率为四种不同类型增长方式之和。各增长系数在实际应用中，不一定要保持静态，当每个增长环结束后，对城市增长率进行评价，自修改过程就是不断地适应或改进增长率的过程。增长率由一定时期内新城市化单元数与已知城市面积之比计算而来，当模拟的增长率超过或低于其临界值时，自修改规则将轻微地改变系数值来模拟快速或低速增长，这与城市发展的繁荣或萧条相关。如增长率超过其最大临界值（critical_high），各系数值通过一个大于 1 的乘数以提高增长率，模拟一个扩展系统向更快的方向增长的趋势，这时出现“繁荣”（boom）状态，当增长率低于最小临界值（critical_ low）时，各系数值通过一个小于 1 的乘数降低增长率，使其模拟一个“萧条”（bust）或饱和的系统。自修改规则对模拟城市扩展沿典型的 S 曲线增长是很重要的，没有自修改规则，模型会产生线性或指数增长.应用自修改规则，系数的运算是：

Growth_rate=number_growth_pixels/total_number_pixels×100

其中，nmber_pixels 是从目前增长环产生的新城市化像元数，total_number_pixels 是目前和增长环先前产生的城市像元总数。

在自修改规则控制下，模型运行过程中系数值在一个增长环初期增加得最快，当很多单元格被城市化后，系数值随着区域的城市密度增加而减小，扩展降低（Clarke *et al.*，1998）。增长规则和自修改规则两者都是 SLEUTH 模型的核心，它们反映了对城市化的统一理解，但是，要成功地应用这些规则，不同地方可能有不同的参数，需要不断试验并使之参数本地化。

3.4.3 景观过程模型

景观过程模型（process-based landscape model）也称为景观机制模型

（mechanistic landscape model），主要从机制出发来模拟生态学过程的空间动态。基于过程的景观动态模型是根据一定的原则，把景观划分成具有一定几何形状的空间单元，通过计算不同单元间产生的各种过程（如干扰或物质扩散）和相应的物流、能流及信息流的变化，来模拟其空间结构特征及其动态变化。景观中的各种流的产生，既有生物过程引起的，也有非生物过程引起的；其流动方式可以从生态系统输出，可以从外部进入，也有生态系统之间流动和向空间的扩散。

在景观过程模型中，通常把景观划分成一些的基本空间单元，假定各个空间单元内部是同质的，而单元之间是异质的。因此，空间单元划分的大小对模型的精度起到决定性的影响。在模型中，一般要考虑以下几种因素：①环境因素的影响（比如温度、光照、风、坡度和坡向等）；②干扰或能、物流在空间扩散能力的大小；③干扰或扩散的时间差异；④不同空间单元的对各种流或干扰的阻力大小。

空间生态系统过程模型（邬建国，2000）可以用下面的一般公式来表示：

$$\frac{\partial S_i}{\partial t} = f_i(S, F) + \nabla \cdot (D_i \nabla S_i) \qquad (3\text{-}64)$$

式中，S_i 表示某一生态学变量（如养分含量、种植密度、干扰面积等）；t 表示过程发生的时间；F 表示环境因素的影响（如温度、水分、光照、风等）；D_i 表示所研究过程的空间扩散或传播能力的系数；∇ 表示空间梯度（可以是一维、二维或三维的）。

大多数现有的空间生态系统模型是用来研究环境因子和植被的空间异质性是如何影响生态过程的；即侧重点在格局对过程的影响。输入或驱动变量的空间异质性主要通过 GIS 数据层或类似手段来提供，因此缺乏过程对格局的反馈作用。我们可以通过将 GIS 和动态模型整合到一起，来解决这个问题；也可以通过将空间格局模型和过程模型耦合在一起，比如植物动态空间概率模型与生态系统养分循环模型的耦合和土地利用变化细胞自动模型和生物地球化学循环模型的耦合。

3.4.4 景观格局与过程耦合模型

空间斑块动态模型是一类不同于空间动态系统模型的景观机制模型（邬建国，2000）。不同之处在于：空间斑块模型突出空间格局和生态学过程之间频繁的相互作用，将整个景观视为由大小、形状以及内容上不同的斑块组成的动态镶嵌体，明确地将斑块的形成、变化和消失过程作为模型的重要组成部分，将斑块镶嵌体空间格局动态与生态学过程在斑块以及景观水平上直接耦合到一起。它是斑块动态理论的一种数学表达，最适宜于格局和过程作用频繁、斑块周转率快的生态系统。

空间动态模型包括两个子模型：一是具有年龄结构和大小结构的空间显式干扰斑块统计学模型；二是包含两个物种的种群动态模型。统计学模型用来模拟干扰斑块的时空变化；后者通过跟踪景观中每一斑块上植物种群生长和繁殖过程，来模拟植物格局动态。基于斑块的多物种种群动态模型可以用下式表示：

$$N_{i,t+1}=(N_{i,t}f_{i,t}+I_{i,t}-D_{i,t})(A_{t+1}/A_t)g_is_i \tag{3-65}$$

式中，$N_{i,t}$和$N_{i,t+1}$是物种i在时刻t和$t+1$时种群大小（成年植株数目）；$f_{i,t}$是植物果实率函数；$I_{i,t}$是斑块获得的种子数目；$D_{i,t}$是散播到斑块外的种子数目；g_i是萌芽率，si是物种i的幼苗成活率；A_t和A_{t+1}是在t和$t+1$时刻的斑块大小（$A_{t+1}\leqslant A_t$）。

参考文献

[1] 邬建国. 景观生态学——格局、过程、尺度与等级. 北京：高等教育出版社，2000.

[2] 许学工，林辉平，付在毅，等. 黄河三角洲湿地区域生态风险评价. 北京大学学报（自然科学版），2001，37（1）：111-120.

[3] 陈利顶，傅伯杰. 黄河三角洲地区人类活动对景观结构的影响分析——以山东省东营市为例. 生态学报，1996，16（4）：337-344.

[4] 王根绪，程国栋. 荒漠绿洲生态系统的景观格局分析. 干旱区研究，1999，16（3）：6-11.

[5] 傅伯杰. 黄土区农业景观空间格局分析. 生态学报，1995，15（2）：113-120.

[6] 谢花林. 土地利用规划环境影响评价理论、方法与实践研究. 北京：经济科学出版社，2009.

[7] 谢花林. 区域土地利用变化的生态效应研究. 北京：中国环境科学出版社，2011.

[8] 周成虎，孙战利，谢一春. 地理元胞自动机研究. 北京：科学出版社，1999.

[9] 李才伟. 元胞自动机及复杂系统的时空演化模拟，武汉：华中理工大学博士学位论文，1997.

[10] 谢花林，刘黎明，李波，等. 土地利用变化的多尺度空间自相关分析.地理学报，2006，61（4）：389-400.

[11] 马爱功. 基于元胞自动机的河谷型城市扩展研究——以兰州市为例. 兰州大学硕士学位论文，2009.

[12] Harms W B. Landscape fragmentation by urbanization in the Netherlands：options and ecological consequences. Journal of Environmental Sciences，1999，11（2）：141-148.

[13] Martin J F，White M，Reyes E，et al.，Evaluation of coastal management plans with a spatial model：Mississippi Delta，Louisiana，USA. Environmental Management，2000，26（2）：

117-129.

[14] Janet H，Joseph T，Jonathan M，et al. A method for evaluating alternative landscape management scenarios in relation to the biodiversity conservation of habitats. Ecological Economics，2007，61：277-283.

[15] Jepsen J U，Topping，P O. Evaluating consequences of land-use strategies on wildlife populations using multiple-species predictive scenarios. Agriculture，Ecosystems and Environment，2005，105：581-594.

[16] Abildtrup J，Audsley E，Fekete-Farkas M，et al. Socio-economic scenario development for the assessment of climate change impacts on agricultural land use–a pairwise comparison approach. Environmental Science & Policy，2006，9：101-115.

[17] Janet H，Joseph T，Jonathan M，et al. A method for evaluating alternative landscape management scenarios in relation to the biodiversity conservation of habitats. Ecological Economics，2007，61：277-283.

[18] Rob C V A，Knaapen J P，Schippers P，et al. Applying ecological knowledge in landscape planning–a simulation model as a tool to evaluate scenarios for the badger in the Netherlands. Landscape and Urban Planning，1998，41：57-69.

[19] Jana V，Rob A，Jan K，et al. Combining biodiversity modeling with political and economic development scenarios for 25 EU countries. Ecological Economics，2007，62：267-276.

[20] Peter H.V，Schulp C J E，Witte N，et al. Downscaling of land use change scenarios to assess the dynamics of European landscapes. Agriculture，Ecosystems and Environment，2006，114：39-56.

[21] Münier B，Birr-Pedersen K，Schou J S. Combined ecological and economic modelling in agricultural land use scenarios. Ecological Modelling，2004，174：5-18.

[22] Annette B. Ecological process indicators used for nature protection scenarios in agricultural landscapes of SW Norway. Ecological Indicators，2007，7：396-411.

[23] Pontius R G，Cornell J D，Hall C A S. Modeling the spatial pattern of land-use change with GEOMOD2：application and validation for Costa Rica. Agric. Ecosyst. Environ.，2001，85：191-203.

[24] Cliff A D，Ord J K. Spatial Processes：Models and Applications. Pion，London，1981.

[25] Legendre P，Legendre L. Numerical Ecology. Developments in Environmental Modelling 20. Elsevier，Amsterdam，1998.

[26] Gould P R. Is statistics inferens the geographical name for a wild goose？ Econ. Geography，1970，46：439-448.

[27] Moran P A P. Notes on continuous stochastic phenomena. Biometrika，1950，37：17-23.

[28] Geary R C. The contiguity ratio and statistical mapping. The Incorporated Statistician，1954，5：115-145.

[29] Legendre P，Fortin M J. Spatial pattern and ecological analysis. Vegetation，1989，80：107-138.

[30] Meisel J E，Turner M G. Scale detection in real and artificial landscapes using semivariance analysis. Landscape Ecol.，1998，13：347-362.

[31] Griffith D A. What is autocorrelation？ Reflections on the past 25 years of spatial statistics. l'Espace Géographique，1992，21：265-280.

[32] Miron J. Spatial autocorrelation in regression analysis：a beginner's guide. In：Gaile，G.L.，Wilmot，C.J.（Eds.），Spatial Statistics and Models. Dordrecht，1986.

[33] Long D S. Spatial autoregression modeling of site-specific wheat yield. Geoderma，1998，85：181-197.

[34] Verburg P H，Chen Y. Multiscale characterization of land-use patterns in China. Ecosystems，2000，3：369-385.

[35] Anselin L. Spatial Econometrics：Methods and Models. Kluwer Academic Publishers，Dordrecht，1988.

[36] Hordijk L. Problems in Estimating Econometric Relations in Space. Papers Regional Science Association，1979，42：99-111

[37] Anselin L. Estimation Methods for Spatial Autoregressive Structures. Regional Science Dissertation and Monograph Series 8. Ithaca，New York：Cornell University，1980.

[38] Bivand R，Szymanski S. Modelling the spatial impact of the introduction of compulsory competitive tendering. Regional Science and Urban. 2000，78：1168-1180.

第4章

研究区概况

4.1 地理位置

京津冀地区介于北纬 36° 03'～42° 40'，东经 113° 27'～119° 50'。最北端在河北省承德市的围场满族自治县的坝上地区，最南端位于河北省邯郸市魏县境内，最东端位于河北省秦皇岛市山海关区，最西端位于河北省邯郸市涉县境内。

研究区东部濒临渤海，东南部和南部与山东、河南两省接壤，西部隔太行山与山西省为邻，西北部、北部和东北部同内蒙古自治区、辽宁省相接，河北省环抱北京和天津，本区是全国的陆路交通的核心，地理区位十分重要。

4.2 社会经济概况

京津冀地区人口众多，截至 2006 年年底，京津冀地区人口总数为 9 571.6 万人，人口稠密，到 2006 年年底，人口密度达 443 人/km^2，是全国平均水平（136 人/km^2）的 3.26 倍。京津冀地区农业人口总数为 6 050.1 万，农业人口占全区总人口的 63.2%，略低于全国 70%的平均水平。

统计表明，2006 年京津冀地区国内生产总值达 24 461.860 1 亿元。人均 GDP 达到 25 556.71 元人民币。2006 年全国城镇居民人均可支配收入为 11 759 元，2006 年北京市全年城市居民人均可支配收入达到 19 978 元，高于全国平均水平，在全国 31 个省市自治区中排第 2 位。2006 年天津市城市居民人均可支配收入达到 14 283 元，高于全国平均水平，在全国 31 个省市自治区中排第 5 位。河北省城镇居民人均可支配收入迈上万元台阶，达 10 304.6 元，略低于全国平均水平，在全国 31 个省市自治区中排第 13 位。2006 年全国农村居民人均纯收入是 3 587 元；2006 年北京、天津、河北的全年农村居民人均纯收入均高于全国平均水平，分别为 8 620 元、7 942 元、3 801.8 元；在全国 31 个省市自治区中分别排第 2 位、第 3 位和第 10 位。

4.3 行政区划

截止到 2005 年，京津冀行政区划分为 2 个直辖市、11 个省辖市、22 个县级市、119 个县（含 6 个自治县）、67 个市辖区、910 个乡镇（图 4-1 和表 4-1）。

表 4-1　京津冀地区行政区划表（2005）

<table>
<tr><th>直（省）辖市</th><th colspan="2">市辖区</th><th>县</th><th>统计</th></tr>
<tr><td>北京市</td><td colspan="2">东城区、西城区、崇文区、宣武区、朝阳区、丰台区、石景山区、海淀区、房山区、通州区、顺义区、昌平区、大兴区、门头沟区、怀柔区、平谷区</td><td>密云县、延庆县</td><td>16 市辖区
2 县</td></tr>
<tr><td>天津市</td><td colspan="2">和平区、河东区、河西区、南开区、河北区、红桥区、塘沽区、汉沽区、大港区、东丽区、西青区、津南区、北辰区、武清区、宝坻区</td><td>宁河县、静海县、蓟县</td><td>15 市辖区
3 县</td></tr>
<tr><td>石家庄市</td><td>长安区、桥东区、桥西区、新华区、裕华区、井陉矿区</td><td>鹿泉市、辛集市、藁城市、晋州市、新乐市</td><td>深泽县、无极县、赵县、灵寿县、高邑县、元氏县、赞皇县、平山县、井陉县、栾城县、正定县、行唐县</td><td>6 市辖区
5 县级市
12 县</td></tr>
<tr><td>唐山市</td><td>路北区、路南区、古冶区、开平区、丰润区、丰南区</td><td>遵化市、迁安市</td><td>迁西县、滦南县、玉田县、唐海县、乐亭县、滦县</td><td>6 市辖区
2 县级市
6 县</td></tr>
<tr><td>秦皇岛市</td><td>海港区、山海关区、北戴河区</td><td></td><td>青龙满族自治县、昌黎县、抚宁县、卢龙县</td><td>3 市辖区
4 县</td></tr>
</table>

直（省）辖市	市辖区		县	统计
邯郸市	邯山区、丛台区、复兴区、峰矿区	武安市	邱县、大名县、魏县、曲周县、鸡泽县、肥乡县、广平县、成安县、临漳县、磁县、涉县、永年县、馆陶县、邯郸县	4 市辖区 1 县级市 14 县
邢台市	桥东区、桥西区	南宫市、沙河市	临城县、内丘县、柏乡县、隆尧县、任县、南和县、宁晋县、巨鹿县、新河县、广宗县、平乡县、威县、清河县、临西县、邢台县	2 市辖区 2 县级市 15 县
张家口市	桥东区、桥西区、宣化区、下花园区		张北县、康保县、沽源县、尚义县、蔚县、阳原县、怀安县、万全县、怀来县、赤城县、崇礼县、宣化县、涿鹿县	4 市辖区 13 县
承德市	双桥区、双滦区、鹰手营子矿区		兴隆县、平泉县、滦平县、隆化县、承德县、围场满族蒙古族自治县、宽城满族自治县、丰宁满族自治县	3 市辖区 8 县
廊坊市	安次区、广阳区	霸州市、三河市	香河县、永清县、固安县、文安县、大城县、大厂回族自治县	2 市辖区 2 县级市 6 县
沧州市	新华区、运河区	泊头市、任丘市、黄骅市、河间市	献县、吴桥县、沧县、东光县、肃宁县、南皮县、盐山县、青县、海兴县、孟村回族自治县	2 市辖区 4 县级市 10 县
保定市	新市区、北市区、南市区	定州市、涿州市、安国市、高碑店市	易县、徐水县、涞源县、顺平县、唐县、望都县、涞水县、高阳县、安新县、雄县、容城县、蠡县、曲阳县、阜平县、博野县、满城县、清苑县、定兴县	3 市辖区 4 县级市 18 县
衡水市	桃城区	深州市、冀州市	枣强县、武邑县、武强县、饶阳县、安平县、故城县、景县、阜城县	1 市辖区 2 县级市 8 县
合计	67 个市辖区	22 个县级市	119 个县（含 6 个自治县）	

图 4-1 京津冀地区行政区划

4.4 气候概况

京津冀地区气温南高北低（图 4-2），本区域内多年最低平均气温–3.5℃，多年最高平均气温 15℃，多年平均气温低于 0℃的地区主要分布在河北坝上高原，此外，在小五台、雾灵山、都山也有零星分布。

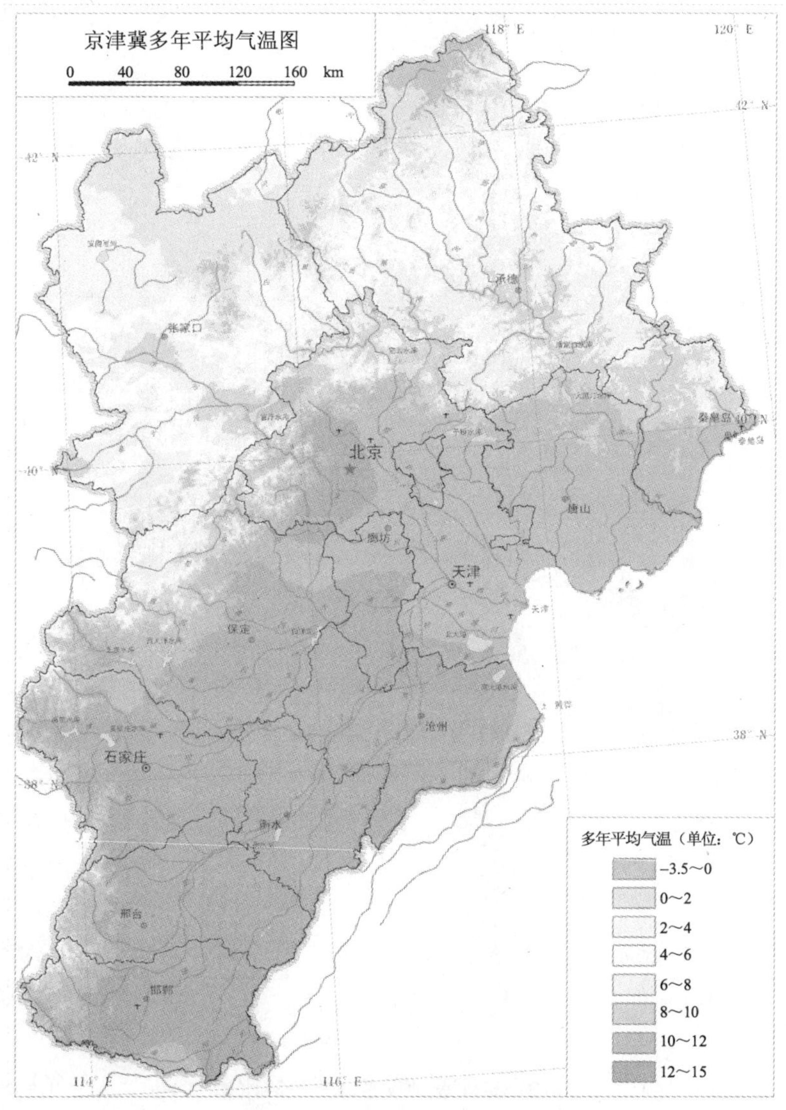

图 4-2 京津冀地区多年平均气温

京津冀地区年平均降水量为 304～750mm（图 4-3）。燕山南麓地带降水量在 700mm 左右，是本区域的降水中心，太行山东坡的易县、阜平、嶂石岩等地年降水量在 600mm 左右，是全区次降水中心；张家口坝上及阳蔚盆地年降水量在 400mm 以下，是全区少雨中心，黑龙港平原及其周边地区为泰沂山地雨影区，年降水量不足 500mm，是本区次少雨中心。

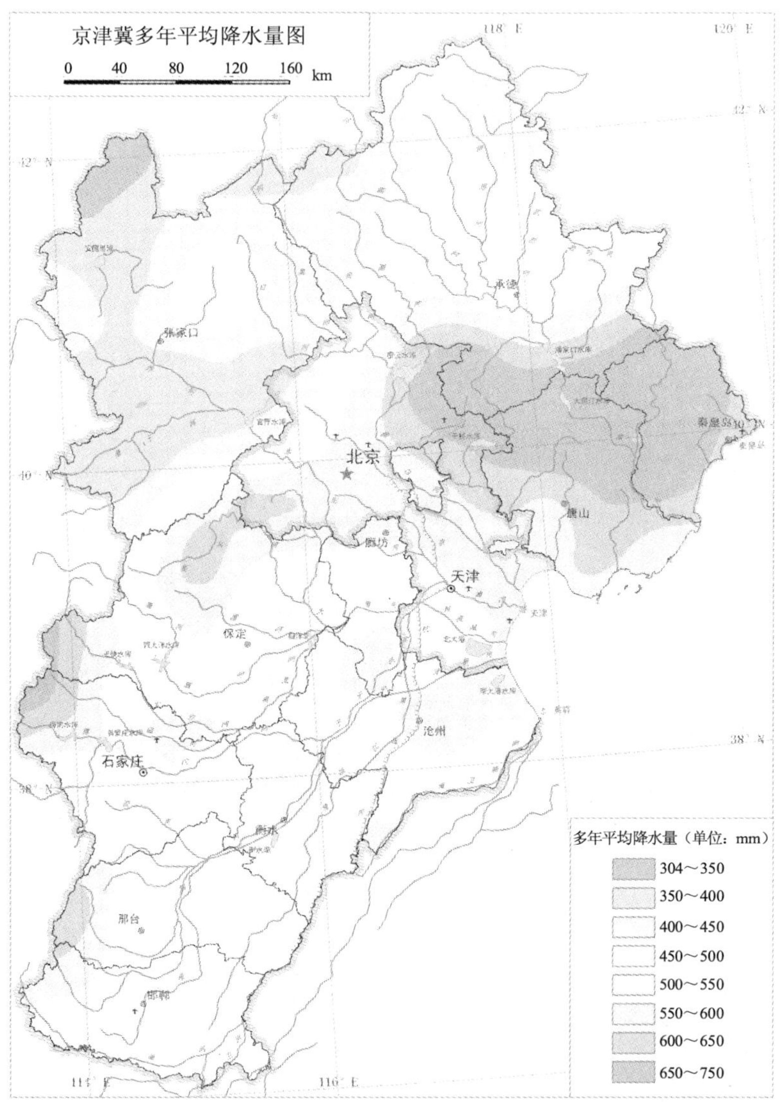

图 4-3 京津冀地区多年平均降水量

4.5 地质地貌概况

从图 4-4 可以看出，京津冀地区地形起伏较大，地貌类型多样，地势西高东低。东部主要为河北平原（海拔小于 100m）和冀东平原（海拔小于 50m）；河北平原自西向东分为山前洪积冲积平原、中部冲积平原和滨海平原。山前洪积冲积平原，主要由燕山和太行山一系列河流的洪积、冲积而成，沿山麓分布，其中京广铁路沿线的山麓平原地带，水资源丰富，排水良好，土地肥沃，是区内农垦历史最早、垦殖程度最高的地区。山麓平原以东、运河以西的广大地区为中部冲积平原，这里地势低洼，成为河流和客水汇集之处，地表径流排泄不畅，雨后积水，土壤易盐碱化。滨海平原沿渤海海岸呈半环状，这里海拔更低，一般仅几米，地势平坦，潜水面浅，矿化度高，土壤盐碱化十分严重。

西部主要为太行山浅山丘陵区，其中，自平山往北，经阜平、涞源，至涿鹿，属太行山深山区。北部主要为燕山山脉，北部坝缘山地是燕山山脉与内蒙古高原的分界线，兴隆、宽城一带是燕山的深山区。张家口南部为冀西北间山盆地，其间包括了永定河盆地、壶流河盆地和桑干河盆地。坝上高原主要包括张家口的张北、康保、尚义、沽源，以及承德的丰宁、围场一部。

京津冀地区特殊的地貌造就了特殊的水系组合特征，全区内 10km 以上的 300 多条河流分属海河、滦河、辽河、内陆河四大水系，其中多数注入渤海。京津冀地区外流河流域面积约占全省总面积的 94%，多发源于山西高原、燕山及太行山的中山低山地带。内流河流域面积占研究区 6%左右，多分布在张北高原西部地区。

按照行政界线划分，北京市包括 5 个三级流域，分别是潮白河水系、蓟运河水系、北运河水系、永定河水系、大清河水系。天津市包括北三河山区、北四河下游平原、大清河淀东平原 3 个三级流域区。河北省包括 24 个三级流域，其中平原部分由滦河及冀东沿海平原、海河北系平原、淀西清北平原、淀东清北平原、淀西清南平原、淀东清南平原、滹滏平原、滏西平原、漳卫平原、黑龙港平原、运东平原、徒骇马颊西部平原 12 个流域；山区部分包括滦河山区、冀东沿海山区、蓟运河山区、潮白河山区、永定河山区、大清河北支山区、大清河南支山区、滹沱河山区、滏阳河山区、漳河山区、辽河山区 11 个流域，坝上高原西部则为内陆河山区流域。

受降水影响，京津冀地区河水流量不算丰富，河水以夏季降水补给为主，地下水及积雪补给不多，6～8 月的地表径流量占年地表径流总量的 60%～70%。由于各河呈扇形集中汇于天津附近，加之河流流程较短，故本地区夏汛尤为突出。

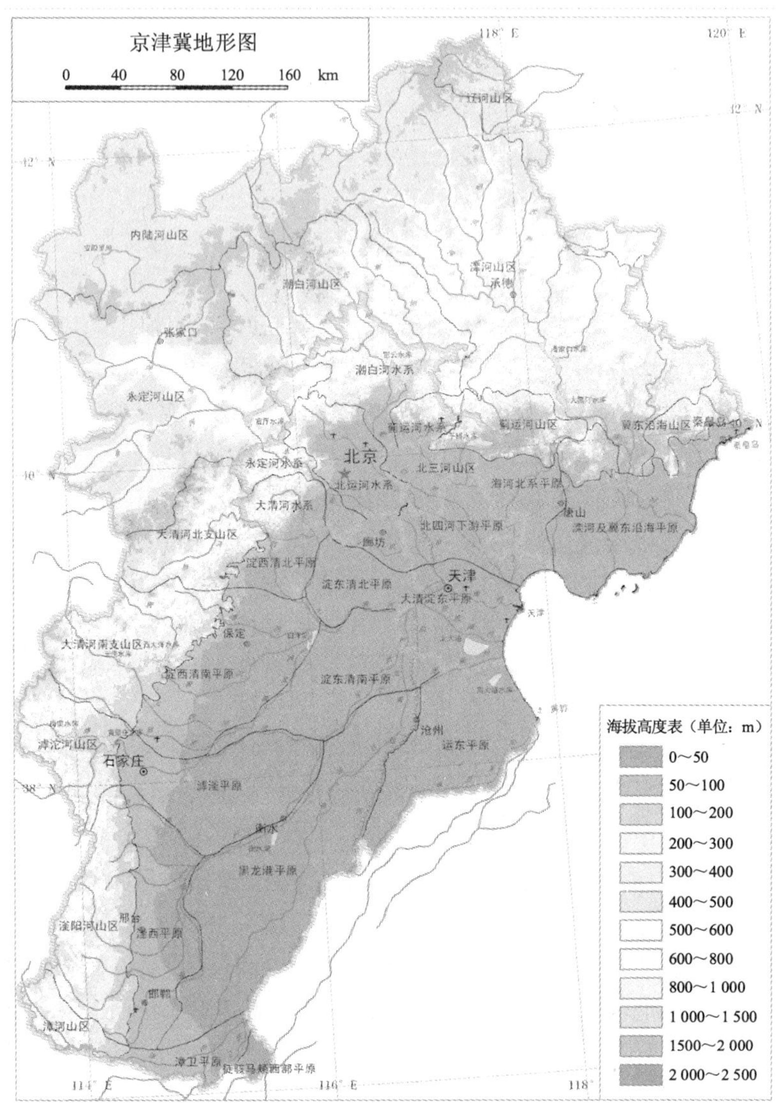

图 4-4 京津冀地区地形图

4.6 土地利用现状

京津冀地区土地总面积约 21.586 4 万 km^2，占全国总面积的 2.25%。据 2000 年遥感解译统计表明，本区耕地面积 10.211 2 万 km^2，占研究区总面积的 47.30%；

林地面积 5.975 5 万 km^2，占研究区总面积的 27.68%；草地面积 2.769 3 万 km^2，占研究区总面积的 12.83%；城乡、居民点及工矿用地面积 1.708 3 万 km^2，占研究区总面积的 7.91%；水域面积 0.636 0 万 km^2，占研究区总面积的 2.95%；未利用土地 0.286 1 万 km^2，占研究区总面积的 1.33%。

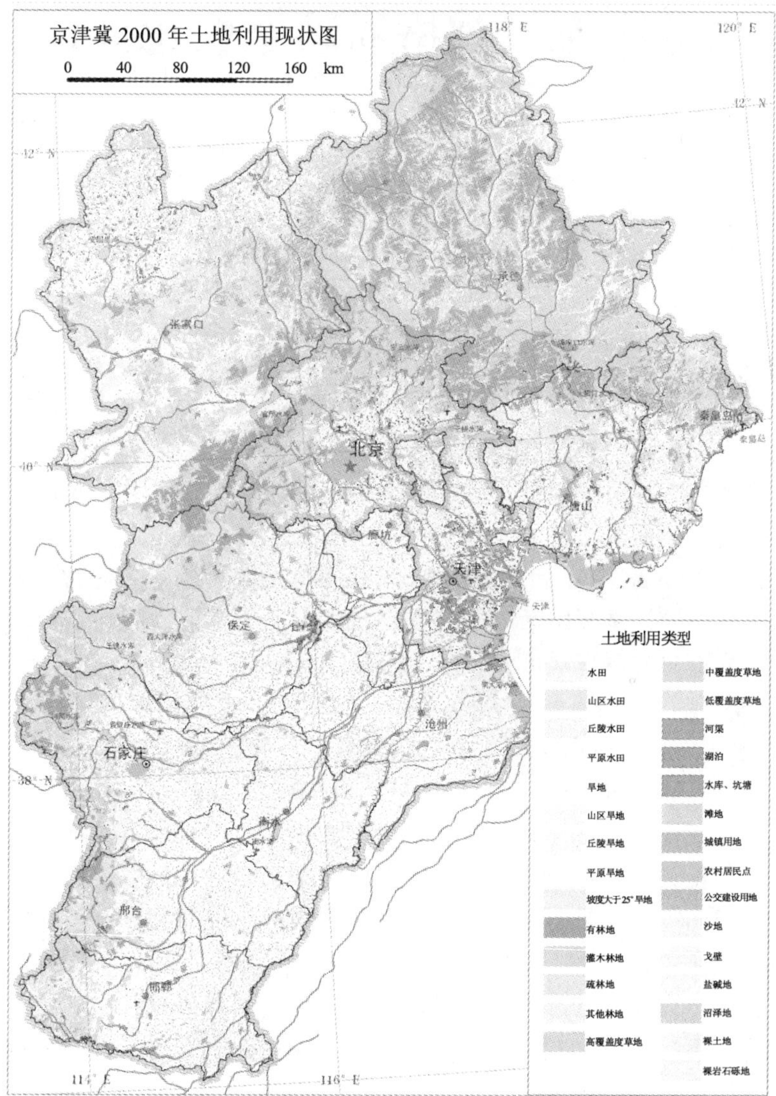

图 4-5　京津冀地区 2000 年土地利用现状图

第 5 章

区域生态景观格局动态变化分析

5.1 引言

土地利用和土地覆盖变化（LUCC）研究在全球气候变化、食物安全、土壤退化和生物多样性等关键问题研究中越来越发挥着重要的作用（李秀彬，1996）。景观是以类似方式重复出现的、相互作用的若干生态系统的聚合所组成的异质性土地地域（Forman & Godron，1986）。景观本身是人类经济活动的资源和开发利用的对象，人类的经济开发活动主要是在景观层次上进行，因而景观成为研究人类活动对环境影响的适宜尺度（彭建，2004；谢花林，2008）。景观格局是景观异质性的具体体现，又是各种生态过程在不同尺度上长期作用的结果（邬建国，2000）。景观格局影响生态学过程（种群动态、动物行为、生物多样性、生态生理和生态系统过程等）（Risser，1984；Pickett，1995；Turner，1989；邬建国，2000）。景观格局及其变化是自然的和人为的多种因素相互作用所产生的一定区域生态环境体系的综合反映，其特征具有显著的时间性和空间性，景观的类型、形状、大小、数量和空间综合既是各种干扰因素互相作用的结果，又影响着该区域的生态过程和边缘效应（陈利顶，1996；邬建国，2000；许慧，2003）。因此，分析区域生态景观空间格局及其动态变化特征，有助于探讨景观格局和生态过程间的相互关系，揭示生态景观变化的规律和机制，为人类定向影响生态环境并使之向良性方向演化提供依据。

京津冀地区是继“长三角”和“珠三角”都市经济区之后，正在发展壮大的我国第三大都市经济区。随着工业化、城镇化快速发展，区域产业结构、城乡关系发生了显著变化，并促进了区域土地利用景观格局的明显变化（何书金，2002；

武剑，2010；周小萍，2006；郭丽英，2009）。京津冀地区景观的空间格局是若干生态过程与非生态过程长期作用的产物，景观的空间结构影响着干扰的扩散和能量的转移，尤其是京津冀地区景观中某些具战略性的结构退化或破坏将对整个区域生态环境产生致命的影响。因此，本研究以 20 世纪 80 年代、2000 年和 2005 年三期土地利用现状图为基础，对京津冀区域的土地利用景观格局变化进行了分析，探讨京津冀地区生态景观结构和动态特征的演变规律，有利于理解区域生态系统的演变趋势，为区域生态用地的保护和规划提供依据，从而促进京津冀地区土地生态系统的健康可持续发展。

5.2 数据来源和分析方法

5.2.1 数据来源

本研究京津冀区域 20 世纪 80 年代和 2000 年两期土地利用数据以及京津冀区域分县行政区数据等来源于中国科学院环境资源数据中心的全国 1∶10 万土地利用数据库。研究区 2005 年土地利用数据来源于河北师范大学遥感解译的京津冀区域 1∶10 万土地利用数据库。在 ArcGIS9.2 系统软件支持下，运用 Spatial Analysis 模块将三期土地利用矢量数据通过 convert 分别转换成栅格数据（格网单位为 100m×100m），生成三期土地利用栅格数据。根据研究区域范围相对较大，地形不很复杂的特点，为了便于讨论景观变化指标的科学性和可操作性，在对京津冀区域土地利用栅格图解译的基础，进一步对二级地类进行合并，建立了六大类土地景观类型的 GIS 数据库，即把京津冀区域的土地景观类型分为耕地、林地、草地、湿地、建设用地和其他用地。重点分析京津冀区域林地、草地和湿地等三大生态景观类型的格局动态变化规律。在 ArcGIS9.2 系统软件支持下，将京津冀区域 20 世纪 80 年代、2000 年和 2005 年三期土地利用矢量数据转化成栅格数据，输出京津冀区域三期土地利用景观类型图（图 5-1）。

5.2.2 分析方法

5.2.2.1 景观格局动态度分析

景观动态度是研究区一定时间范围内某种景观类型的数量变化情况，采用单一景观类型动态度（K）（谢花林，2009），其表达式为：

$$K=\frac{U_{\mathrm{b}}-U_{\mathrm{a}}}{U_{\mathrm{a}}}\times\frac{1}{T}\times 100\% \tag{5-1}$$

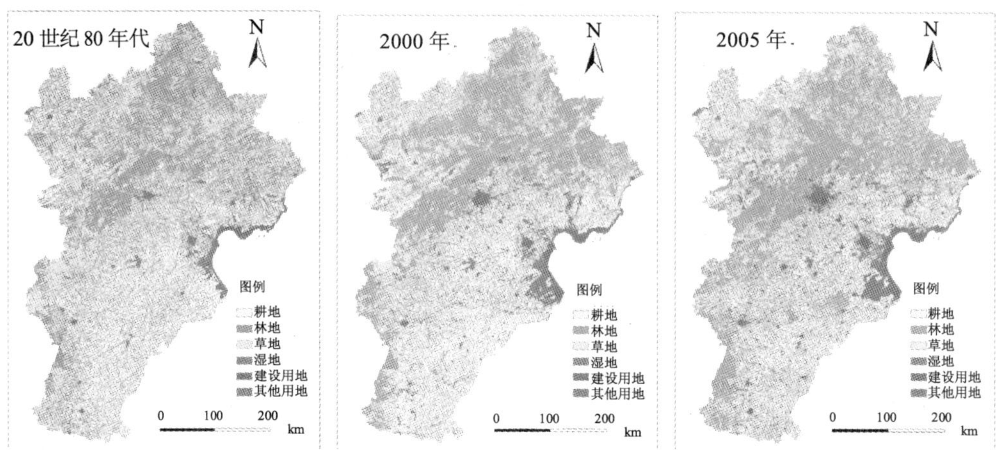

图 5-1 京津冀区域 20 世纪 80 年代、2000 年和 2005 年景观类型图

式中，K 为研究时段内某一景观类型动态度；U_a，U_b 为研究初期和研究末期某一景观类型的面积；T 为研究时段长，当 T 的时段设定为年时，K 的值就是该地区的某一景观类型的年平均变化率。

5.2.2.2 景观类型转移概率矩阵

在景观类型转移矩阵的基础上，建立景观类型转移概率矩阵描述景观类型的变化剧烈程度，公式为：

$$D_{ij}=\sum_{ij}^{n}[\frac{dS_{i-j}}{S_i}]\times 100\% \tag{5-2}$$

式中，S_i 为研究初期第 i 类景观类型总面积；dS_{i-j} 为研究时段内第 i 类景观类型转化为第 j 类景观类型的面积总和；n 为研究区发生变化的景观类型数量；D_{ij} 为研究时段内第 i 类景观类型转化为第 j 类景观类型的转移概率。

5.2.2.3 景观类型转入/转出贡献率

转移矩阵的方法描述了不同景观类型自身变化的情况，为了充分体现出景观格局中不同类型景观的地位和作用信息，对比分析各景观类型转入和转出的空间格局和数量特征，本研究采用景观类型转入/转出贡献率。

（1）景观类型转入贡献率

$$L_{ii}=\sum_{j=1}^{n}S_{ji}/S_t \tag{5-3}$$

式中，L_{ii} 为除第 i 类外的其他景观类型向第 i 类景观类型转入面积占景观总转移发生的比例；S_{ji} 为第 j 种景观类型向第 i 种景观类型转移的面积；S_t 为景观类型转移的总面积；n 为景观类型的数量（下同）。L_{ii} 可以用于比较不同景观类型在景观动态变化的转入过程中面积增量分配的差异。

（2）景观类型转出贡献率

$$L_{0j}=\sum_{j=1}^{n}S_{ij}/S_t \tag{5-4}$$

式中，L_{0j} 为第 i 类景观向除第 i 类外的其他景观类型转移的面积占景观总转移发生量的比例；S_{ij} 为第 i 种景观类型向第 j 种景观类型转移的面积。L_{0j} 可用于比较不同景观类型在景观动态变化的转出过程中面积减量分配的差异。

5.2.2.4 景观格局指数分析

利用京津冀区域 20 世纪 80 年代、2000 年和 2005 年三期土地利用景观类型图，应用景观格局分析软件 FRACSTATS　3.3，对京津冀区域的土地利用景观空间格局特征参数进行分析，并计算相关的景观指标。计算方法参照了《FRAGSTATS 3.3 操作手册》，因 FRAGSTATS 可以计算 60 多种景观指标，且许多指标之间具有高度的相关性。因此，本研究在生态景观类型级别上分析景观指标时，重点选用了斑块数量（NP）、斑块密度（PD）、最大斑块指数（LPI）、边缘密度（ED）、周长-面积分维数（PAFRAC）、散布与并列指数（IJI）、斑块结合度指数（COHESION）、分离度（SPLIT）、聚集度（AI）9 个指标；在景观级别上分析景观指标时，选取斑块数量（NP）、斑块密度（PD）、最大斑块指数（LPI）、边缘密度（ED）、周长-面积分维数（PAFRAC）、蔓延度指数（CONTAG）、分离度（SPLIT）、香农多样性指数（SHDI）、香农均度指数（SHEI）、聚集度（AI）10 个指标，各指标的具体计算公式及其生态学含义如下。

（1）斑块数量（NP）

斑块数量（NP）反映景观的空间格局，经常被用来描述整个景观的异质性，其值的大小与景观的破碎度也有很好的正相关性，一般规律是 NP 大，破碎度高；NP 小，破碎度低。NP 在类型级别上等于景观中某一斑块类型的斑块总个数；在景观级别上等于景观中所有的斑块总数。

$$\mathrm{NP}=N \tag{5-5}$$

式中，NP 为斑块数量；N 为某一斑块类型的斑块总个数或景观中所有的斑块总数。

（2）斑块密度（PD）

斑块密度（PD）反映了景观破碎程度，PD 值越大，则破碎化程度越高。

$$PD = \frac{n_{ij}}{A} \tag{5-6}$$

式中，n_{ij}为斑块数目；A 为斑块面积之和。

（3）最大斑块指数（LPI）

最大斑块指数（LPI）反映了最大斑块对整个景观类型或者景观的影响程度。取值范围：0<LPI≤100，是优势度的一个简单测度。其值的大小决定着景观中的优势种、内部种的丰度等生态特征；其值的变化可以改变干扰的强度和频率，反映人类活动的方向和强弱。

$$LPI = \frac{\max(a_1, \cdots, a_n)}{A} \tag{5-7}$$

式中，a_{ij}是斑块 ij 的面积；A 是景观总面积。当每种景观类型中都只有一个斑块时，最大斑块指数取最大值 100%。当每种景观类型的最大斑块面积越小，它的值越趋近于 0。

（4）边缘密度（ED）

边缘密度（ED）表示单位面积的斑块边界数量，反映景观中异质性斑块之间物质、能量和物种交换的潜力及相互影响的强度，可直接表征景观整体的复杂程度。

$$ED = \frac{\sum_{k=1}^{m} e_{ik}}{A} \tag{5-8}$$

式中，e_{ik}为斑块边界数；A 为景观面积。

（5）周长-面积分维数（PAFRAC）

分维数反映了在一定尺度上的斑块边界的复杂程度，同时也反映了人类活动干扰的强弱（谢花林，2008）。受人类活动干扰小的自然景观的分数维数值高，而受人类活动影响大的人为景观的分数维数值低。

$$\ln(P/4) = k\ln(A) + c, FD = 2k \tag{5-9}$$

式中，P 为斑块周长；A 为斑块面积；k 为回归方程的斜率，FD 表示包含多个斑块的某一景观的“平均”分形维数，也是统计意义上的景观分形维数。FD 值的理论范围为[1.0，2.0]，F=1.0 时代表形状最简单的正方形斑块；F=2.0 时表示等面积下周长最复杂的斑块。

（6）散布与并列指数（IJI）

散布与并列指数（IJI）是描述景观空间格局最重要的指标之一。IJI 对那些受到某种自然条件严重制约的生态系统的分布特征反映显著。IJI 取值小时表明斑块类型 i 仅与少数几种其他类型相邻接；IJI=100 表明各斑块间毗邻的边长是均等的，即各斑块间的毗邻概率是均等的。

$$\mathrm{IJI}=\frac{-\sum_{k=1}^{m}[(\frac{e_{ik}}{\sum_{k=1}^{m}e_{ik}})\ln(\frac{e_{ik}}{\sum_{k=1}^{m}e_{ik}})]}{\ln(m-1)}(100) \tag{5-10}$$

式中，IJI 表示散布与并列指数；e_{ik} 为斑块边界数；m 为景观类型的总数。

（7）斑块结合度指数（COHESION）

$$\mathrm{COHESION}=[1-\frac{\sum_{j=1}^{m}P_{ij}}{\sum_{j=1}^{m}P_{ij}\sqrt{a_{ij}}}][1-\frac{1}{\sqrt{A}}]^{-1}(100) \tag{5-11}$$

式中，P_{ij} 为斑块 ij 的周长；a_{ij} 为斑块 ij 的面积；A 为景观的总面积。

（8）分离度（SPLIT）

分离度（SPLIT）描述斑块在空间分布上的分散程度，值越大表明该类型元素分布越分散。

$$\mathrm{SPLIT}=\frac{A^2}{\sum_{j=1}^{m}{a_{ij}}^2} \tag{5-12}$$

式中，P_{ij} 为斑块 ij 的周长；a_{ij} 为斑块 ij 的面积；A 为景观的总面积。

（9）聚集度（AI）

$$\mathrm{AI}=[\frac{g_{ii}}{\max\to g_{ii}}](100) \tag{5-13}$$

（10）蔓延度指数（CONTAG）

蔓延度指数（CONTAG）反映景观中不同斑块类型的聚集程度。一般来说，高蔓延度值说明景观中的某种优势斑块类型形成了良好的连接性；反之则表明景观是具有多种要素的密集格局，景观的破碎化程度较高。

$$\mathrm{CONTAG}=1+\frac{\sum_{i=1}^{m}\sum_{k=1}^{m}[(P_i)(\frac{g_{ik}}{\sum_{k=1}^{m}g_{ik}})][\ln(p_i)(\frac{g_{ik}}{\sum_{k=1}^{m}g_{ik}})]}{2\ln(m)} \tag{5-14}$$

式中，P_i 为斑块面积百分比；g_{ik} 为与斑块相邻的网格单元数。

（11）香农多样性指数（SHDI）

香农多样性指数（SHDI）能反映景观异质性，特别对景观中各斑块类型非均衡分布状况较为敏感，即强调稀有斑块类型对信息的贡献，这也是与其他多样性指数不同之处。在比较和分析不同景观或同一景观不同时期的多样性与异质性变化时，SHDI 也是一个敏感指标。

$$\mathrm{SHDI}=-\sum_{i=1}^{m}[P\ln_i(P_i)] \tag{5-15}$$

式中，m 是景观中斑块类型的总数；P_i 是斑块类型在景观中出现的概率，通常以该类型占有的栅格数量或像元数占栅格总数的比例来估算。

（12）香农均度指数（SHEI）

香农均度指数（SHEI）描述景观镶嵌体中不同景观类型在其数目或面积方面的均匀程度。SHEI 值较小时优势度一般较高，可以反映出景观受到一种或少数几种优势斑块类型所支配；SHEI 趋近 1 时优势度低，说明景观中没有明显的优势类型且各斑块类型在景观中均匀分布。

$$\mathrm{SHDI}=-\sum_{i=1}^{m}[P\ln_i(P_i)]/\ln(m) \tag{5-16}$$

式中，m 是景观中斑块类型的总数；P_i 是斑块类型在景观中出现的概率，通常以该类型占有的栅格数量或像元数占栅格总数的比例来估算。

5.3 结果分析

5.3.1 各景观类型动态变化总体特征分析

利用 ArcGIS9.2 对 20 世纪 80 年代、2000 年和 2005 年三期景观类型图进行分析与统计，获得各景观类型的面积及变化趋势（表 5-1）。

表 5-1　京津冀区域三个时期的景观各类型面积及比例

景观类型	20 世纪 80 年代		2000 年		2005 年	
	面积/km²	百分比/%	面积/km²	百分比/%	面积/km²	百分比/%
耕地	112 207.9	51.99	102 175.8	47.31	94 034.93	43.51
林地	44 567.59	20.65	59 783.62	27.68	60 242.88	27.88
草地	35 687.49	16.53	27 703.52	12.83	27 479.85	12.72
湿地	7 704.63	3.57	6 495.74	3.01	7 076.58	3.27
建设用地	14 704.02	6.81	17 084.68	7.91	23 952.22	11.08
其他用地	964.46	0.45	2 726.82	1.26	3 314.8	1.53

从表 5-1 可以看出，研究区各景观类型中面积最大的为耕地，20 世纪 80 年代、2000 年和 2005 年所占比例分别为 51.99%、47.31%和 43.51%，说明该种景观中主要以农业生产功能为主。同时耕地的面积在逐年减少，年均减少 5610.4km^2，递减速度较快，保护耕地的任务艰巨。

在林地景观变化方面，20 世纪 80 年代至 2000 年这 15 年间，林地面积增幅较大，增加的面积为 15216.03km^2，增幅为 34.14%；而 2000—2005 年 5 年期间，林地面积略有增加，增加的面积为 459.26km^2，这主要是这段时期国家大力推行退耕还林政策的结果。

在草地景观变化方面，20 世纪 80 年代至 2000 年这 15 年间，草地面积减幅较大，较少的面积为 7983.97km^2，减幅为 22.37%，年均增幅为 1.5%。2000—2005 年 5 年期间，草地面积略有减少，减少的面积为 223.67km^2。

在湿地景观变化方面，20 世纪 80 年代至 2000 年这 15 年间，湿地面积在减少，减少的面积为 1208.89km^2，减少了 15.69%，年均增幅为 1%。2000—2005 年 5 年间，湿地面积又在缓慢地增长，增加的面积为 580.84km^2，增幅为 8.9%。

通过计算景观动态度，从图 5-2 中可以看出，在整个研究时段内，建设用地的增加速度最快。其中，20 世纪 80 年代至 2000 年的年平均变化率为 1.07%，2000—2005 年为 8.04%，相对来说后期的增长速度最快。在生态景观类型当中，20 世纪 80 年代至 2000 年林地景观的年平均变化率最大，为 2.27%；2000—2005 年湿地的年平均变化率最大，为 1.78%。

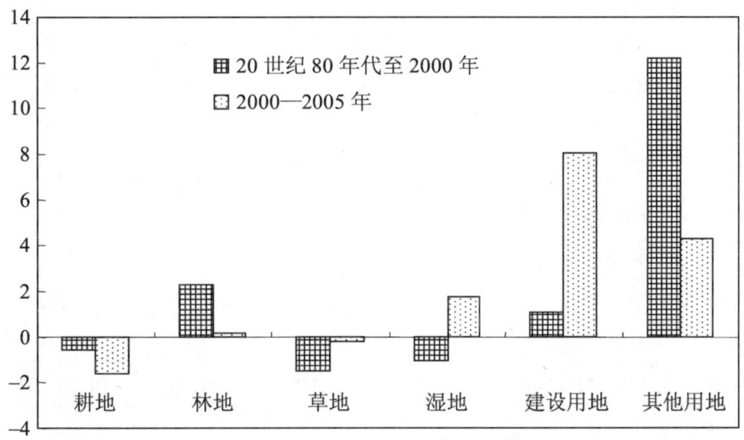

图 5-2　20 世纪 80 年代至 2000 年和 2000—2005 年各景观类型动态度

5.3.2 各景观类型动态变化时空特征分析

利用 ArcGIS9.2 对 20 世纪 80 年代、2000 年和 2005 年三期景观类型图进行空间分析，可以得到研究时段内景观类型的转移矩阵及转移概率矩阵，见表 5-2 和表 5-3，同时得到耕地、林地、草地和湿地景观类型从 20 世纪 80 年代至 2000 年和 2000—2005 年的转出景观空间格局图（图 5-3、图 5-4、图 5-5 和图 5-6）。

20 世纪 80 年代至 2000 年间研究区景观类型转移矩阵见表 5-2，同时根据各景观类型转出景观空间格局图，可以直观看出各类景观相互转化情况在空间位置上的表现，分析发现耕地的转出类型主要为林地，位于研究区的西北部山区的张北县、崇礼县和赤诚县等县域，以及东北部的平泉县、承德市等县域（图 5-3），主要是退耕还林的结果；其次是草地和建设用地。建设用地占用耕地主要发生北京市的朝阳区、丰台区、海淀区、石景山区和昌平区等区域。研究时段内，耕地和草地之间的转化比较明显。

表 5-2 20 世纪 80 年代至 2000 年景观类型转移矩阵

2000 年		20 世纪 80 年代					
		耕地	林地	草地	湿地	建设用地	其他用地
耕地	面积/km^2	91 988.72	1 511.22	3 837.57	1 625.08	2 704.24	496.61
	百分比/%	81.99	3.39	10.76	21.24	18.39	51.52
林地	面积/km^2	7 102.83	37 365.42	14 626.75	400.09	225.09	47.89
	百分比/%	6.33	83.86	41.00	5.23	1.53	4.97
草地	面积/km^2	5 086.27	5 407.59	16 175.18	730.62	113.32	182.69
	百分比/%	4.53	12.14	45.34	9.55	0.77	18.95
湿地	面积/km^2	1 503.79	90.16	280.99	4 228.18	175.42	44.36
	百分比/%	1.34	0.20	0.79	55.26	1.19	4.60
建设用地	面积/km^2	4 764.04	122.85	234.39	505.22	11 396.22	43.83
	百分比/%	4.25	0.28	0.66	6.60	77.51	4.55
其他用地	面积/km^2	1 748.76	57.54	522.31	161.67	87.72	148.58
	百分比/%	1.56	0.13	1.46	2.11	0.60	15.41
合计	面积/km^2	112 194.41	44 554.78	35 677.19	7 650.86	14 702.01	963.96

表 5-3 2000—2005 年景观类型转移矩阵

2005 年		2000 年					
		耕地	林地	草地	湿地	建设用地	其他用地
耕地	面积/km^2	77 057.10	6 413.31	5 099.79	1 909.82	2 934.74	620.17
	百分比/%	75.42	10.73	18.41	29.40	17.18	22.74
林地	面积/km^2	6 725.68	41 186.08	11 396.20	267.75	433.42	233.72
	百分比/%	6.58	68.89	41.14	4.12	2.54	8.57
草地	面积/km^2	6 596.30	10 483.29	9 664.91	214.37	192.29	328.68
	百分比/%	6.46	17.54	34.89	3.30	1.13	12.05
湿地	面积/km^2	1 981.55	452.88	370.34	3 481.05	475.57	191.51
	百分比/%	1.94	0.76	1.34	53.59	2.78	7.02
建设用地	面积/km^2	8 611.98	922.27	617.84	536.33	12 956.47	303.62
	百分比/%	8.43	1.54	2.23	8.26	75.84	11.13
其他用地	面积/km^2	1 203.20	325.74	554.38	85.86	92.19	1 049.11
	百分比/%	1.18	0.54	2.00	1.32	0.54	38.47
合计	面积/km^2	102 175.81	59 783.57	27 703.46	6 495.18	17 084.68	2 726.81

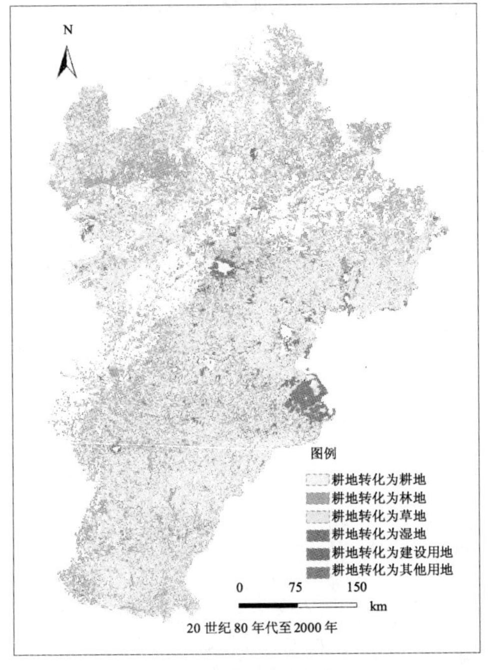

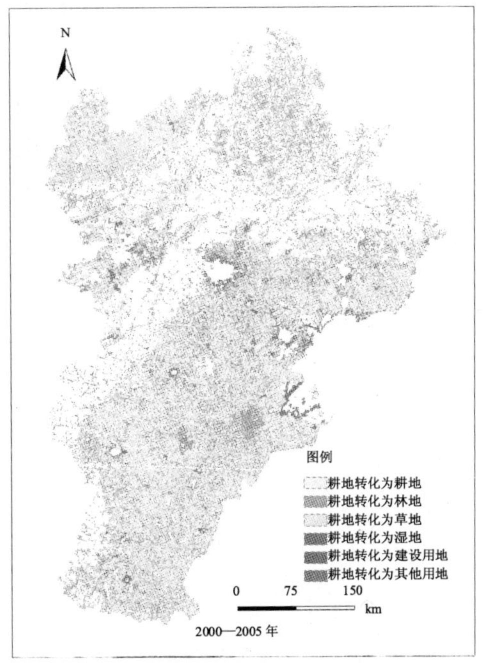

图 5-3 20 世纪 80 年代至 2000 年和 2000—2005 年耕地景观转移空间格局图

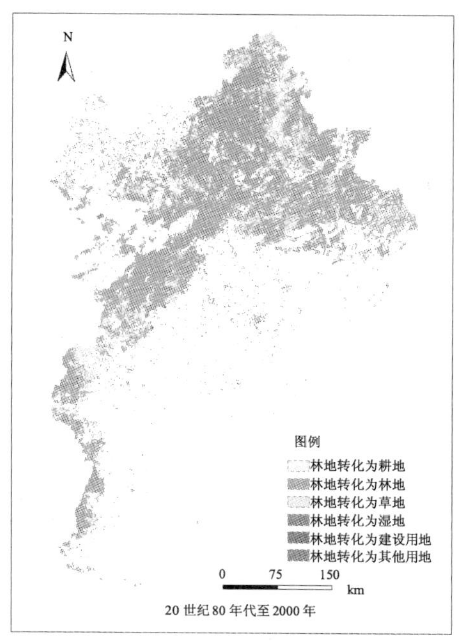

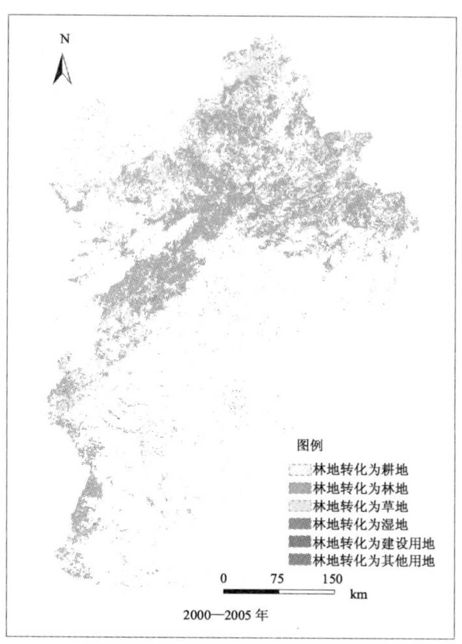

图 5-4　20 世纪 80 年代至 2000 年和 2000—2005 年林地景观转移空间格局图

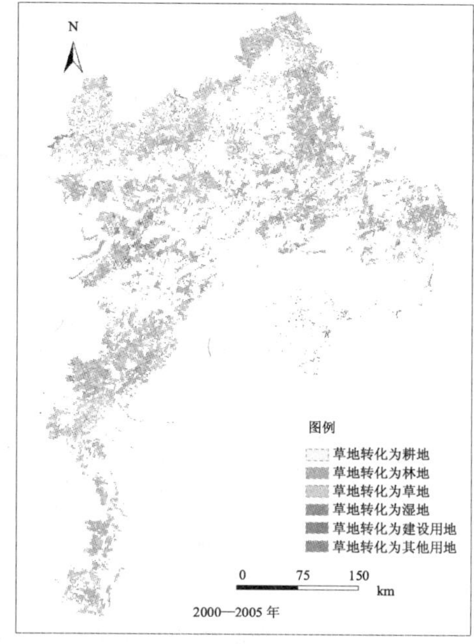

图 5-5　20 世纪 80 年代至 2000 年和 2000—2005 年草地景观转移空间格局图

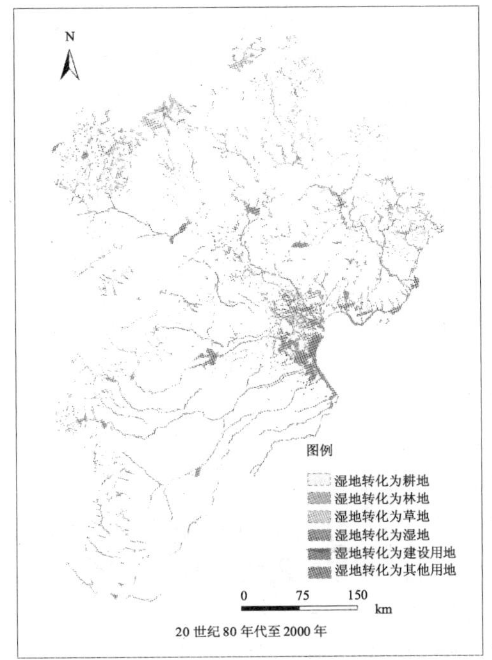

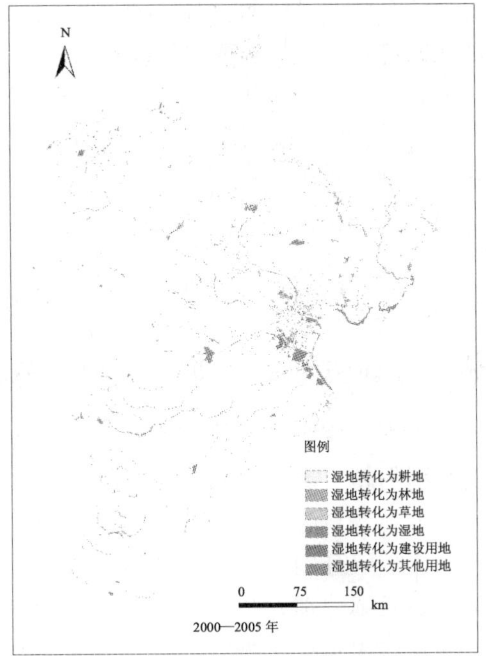

图 5-6　20 世纪 80 年代至 2000 年和 2000—2005 年湿地景观转移空间格局图

从表 5-2 和图 5-4 可以看出，林地的转出类型主要为草地，主要位于研究区东北部的围场、隆化、承德、兴隆和青龙等县域，以及西部的易县、涞源和阜平等县域（图 3-4）；转入类型主要为草地和耕地。林地和草地的相互转化比较密切，从发生变化的面积分析可以看出，草地向林地的转化趋势较为明显。

在草地景观类型转移方面，草地的转出类型主要为林地，位于研究区西北部的崇礼、宣化、丰宁和蔚县等县域（图 5-5）；草地的转出类型其次为耕地，主要分布在西南部的武安、涉县和临城等县域。转入类型主要为耕地和林地。

在湿地景观类型转移方面，湿地的转出类型主要为耕地，位于研究区东北部的围场、隆化、平泉等县域（图 5-6），转入类型也主要为耕地。

2000—2005 年间研究区景观类型转移矩阵见表 5-3，结合各景观类型转出景观空间格局图，通过分析可得耕地的转出类型主要为建设用地，主要位于北京、天津等大城市的周边区域（图 5-3）；其次为林地和草地，主要位于西北部和东北部的山区如张北，赤诚、围场等区域；转入类型主要为林地和草地。在此研究时段内，耕地和草地之间的转化也很明显。

从表 5-3 和图 5-4 可以看出，林地的转出类型主要为草地，主要位于研究区的永清、张北等区域（图 5-4）；转入类型主要为草地和耕地。林地和草地的相互转化同样很密切，从变化的面积分析可以发现，草地向林地的转化趋势较为明显。

在草地景观类型转移方面，草地的转出类型主要为林地，位于研究区东北部的迁西、抚宁和青龙，以及西南部的邢台、涉县和武安等区域（图 5-5）；草地的转出类型其次为耕地，主要位于西北部的康保、沽源和张北等区域；转入类型主要为林地和耕地。

在湿地景观类型转移方面，湿地的转出类型主要为耕地，位于宁河、安新和津南等区域（图 5-6），转入类型主要为耕地和林地。

5.3.3 景观类型转入/转出贡献率分析

根据研究时段内景观类型转移矩阵的结果，对数据进行统计分析，计算各景观类型的转入贡献率和转出贡献率（表 5-4）。

从转入贡献率来看，①20 世纪 80 年代至 2000 年间占优势的是林地和草地，转入贡献率分别为 41.15%和 21.16%；②2000—2005 年间占优势的是林地和草地，转入贡献率分别为 27%和 25.24%。

从转出贡献率来看，①20 世纪 80 年代至 2000 年间占优势的是耕地和草地，转出贡献率分别为 37.11%和 35.82%；②2000—2005 年间占优势的是耕地和林地，转出贡献率分别为 35.59%和 26.35%。在景观类型转入和转出的过程当中，草地和耕地的转移比较活跃。

表 5-4 20 世纪 80 年代至 2000 年和 2000—2005 年间各景观类型转入/转出贡献率

类型	20 世纪 80 年代至 2000 年				2000—2005 年			
	转入面积/km^2	转入贡献率/%	转出面积/km^2	转出贡献率/%	转入面积/km^2	转入贡献率/%	转出面积/km^2	转出贡献率/%
耕地	10 174.72	18.69	20 205.69	37.11	16 977.83	24.06	25 118.71	35.59
林地	22 402.65	41.15	7 189.36	13.21	19 056.77	27.00	18 597.49	26.35
草地	11 520.49	21.16	19 502.01	35.82	17 814.93	25.24	18 038.55	25.56
湿地	2 094.72	3.85	3 422.68	6.29	3 471.85	4.92	3 014.13	4.27
建设用地	5 670.33	10.42	3 305.79	6.07	10 992.04	15.58	4 128.21	5.85
其他用地	2 578.00	4.74	815.38	1.50	2 261.37	3.20	1 677.7	2.38

5.3.4 景观构型和总体特征的变化分析

从表 5-5 中可以看出，京津冀地区景观总斑块数目从 20 世纪 80 年代的 94 646 个增加至 2005 年的 107 052 个，随着时间的推移是呈现上升的趋势。同时，斑块密度也从 20 世纪 80 年代的 0.438 5 增加至 2005 年的 0.495 4，呈现上升趋势，斑块密度反映了景观的破碎化程度，斑块密度逐步增加，说明京津冀地区的景观格局的破碎化程度逐年增加，表明人类活动对生态环境的影响随着时间的推移在不断加剧，人类活动对景观的干扰程度也在逐年加大。

景观平均分维数从 20 世纪 80 年代的 1.065 4 下降到 2005 年的 1.064 8，平均分维数指数意味着斑块的自相似程度，从一定程度上反映了人类活动对斑块的影响程度。平均分维数减少说明斑块形状相似性变小，形状越来越不规则。景观分离度由 20 世纪 80 年代的 7.029 7 增加至 2005 年的 9.155 2，增加幅度很大，景观分离度是指景观类型空间分布的集散程度，说明京津冀地区景观受人为影响较为剧烈。

蔓延度指数反映了景观中不同组分的团聚程度。取值大表明景观由少数团聚的大斑块组成，取值小表明景观由许多分散的小斑块组成。蔓延度从 20 世纪 80 年代的 51.739 8 下降到 2005 年的 48.461 2，说明区域景观由许多分散的小斑块组成，团聚程度在下降，破碎化程度在增加。

景观多样性指数持续上升，从 20 世纪 80 年代的 1.289 6 增加到 2005 年的 1.400 3，说明区域景观系统中，土地利用越加丰富，破碎化程度越高。均匀度指数也呈现上升的趋势，表明各类景观组分面积比例差别在逐渐缩小，景观中各组分分配越来越均匀，某一种或几种景观组分占优势的情况越来越少，且景观整体结构受人类活动影响较大。

表 5-5　20 世纪 80 年代至 2005 年景观格局总体特征值变化

指标	20 世纪 80 年代	2005 年
斑块数量	94 646	107 052
斑块密度	0.438 5	0.495 4
最大斑块指数	36.857 3	31.642 4
边缘密度	21.669 7	20.729 0
平均分维数	1.065 4	1.064 8
蔓延度	51.739 8	48.461 2
分离度	7.029 7	9.155 2
多样性指数	1.289 6	1.400 3
均匀度	0.719 7	0.7815
聚集度	89.15	89.62

5.3.5 生态景观格局的变化分析

（1）林地景观格局的变化分析

从林地景观的数量来看，林地景观总斑块数目从20世纪80年代的12 198增加至2005年的17 096，随着时间的推移是呈现上升的趋势。同时，斑块密度也从20世纪80年代的0.06增加至2005年的0.08，呈现上升趋势，斑块密度反映了林地景观的破碎化程度，斑块密度逐步增加，说明林地景观格局的局部破碎化程度逐年增加，表明人类活动对林地的影响随着时间的推移在不断加剧。

从林地景观的形状来看，林地景观的分形维数从20世纪80年代的1.08下降到2005年的1.06，表明林地景观斑块形状相似性变小，形状越来越不规则，也就是受到了更多的人为干扰的影响。对于分形维数降低的林地景观而言，土地利用行为主体行为空间的合并或分割使这种土地类型沿着无序的方向发展，分形维数降低的程度，一方面说明了土地斑块形态规整化改善的程度，另一方面也说明了人们改善土地形态的行为强度，如植树造林、退耕还林。

从林地景观的整体构型来看，林地景观斑块结合度指数从20世纪80年代的99.66增加至2005年的99.73，呈上升趋势；同时景观分离度从20世纪80年代的302.79减少至2005年的121.46，说明林地景观的团聚程度在逐年增加。

（2）草地景观格局的变化分析

从草地景观的数量来看，草地景观总斑块数目从20世纪80年代的20 194减少至2005年的113 964，随着时间的推移是呈现下降的趋势。同时，斑块密度从20世纪80年代的0.09减少至2005年的0.07，也呈现将下降趋势，说明草地景观格局的破碎化程度逐年减弱。

从草地景观的形状来看，草地景观的分形维数从20世纪80年代的1.09减少至2005年的1.07，说明20世纪80年代至2005年期间，草地景观受到了更多的人为干扰的影响，比如退耕还草、荒草地开发等行为。

从草地景观的整体构型来看，草地景观斑块结合度指数从20世纪80年代的98.9增加至2005年的99.95，呈上升趋势；同时景观分离度从20世纪80年代的3412.06下降到2005年的9.94，说明草地景观的整体团聚程度在逐年增加。

（3）湿地景观格局变化分析

从湿地景观的数量来看，湿地景观总斑块数目从20世纪80年代的6 580增加至2005年的15 233，随着时间的推移呈现增加的趋势。同时，斑块密度从20世纪80年代的0.03增加至2005年的0.07，也呈现将增加趋势，说明湿地景观格局的破碎化程度逐年减弱。

从湿地景观的形状来看，湿地景观的分形维数从 20 世纪 80 年代的 1.09 减少至 2005 年的 1.07，说明 20 世纪 80 年代至 2005 年期间，湿地景观受到了更多的人为干扰的影响，比如湿地的建设占用和农用地开发等行为。

从湿地景观的整体构型来看，斑块结合度指数从 20 世纪 80 年代的 98.66 减少至 2005 年的 97.17，呈下降趋势；同时景观分离度从 20 世纪 80 年代的 14 846.64 增加至 2005 年的 25 901.14；景观聚集度也从 20 世纪 80 年代的 83.11 下降到 2005 年的 79.59，说明湿地景观的整体团聚程度在逐年减弱。

表 5-6　20 世纪 80 年代至 2005 年京津冀地区不同生态景观类型的景观指数变化

景观指数	20 世纪 80 年代			2005 年		
	林地	草地	湿地	林地	草地	湿地
斑块数量	12 198	20 194	6 580	17 096	13 964	15 233
斑块密度	0.06	0.09	0.03	0.08	0.06	0.07
最大斑块指数	4.93	1.27	0.66	8.5	31.64	0.47
边缘密度	8.18	11.74	2.38	9.07	14.56	2.65
平均分维数	1.08	1.09	1.09	1.06	1.07	1.07
散布与并列指数	51.18	56.62	59.76	72.51	83.7	72.18
斑块结合度指数	99.66	98.9	98.66	99.73	99.95	97.17
分离度	302.79	3 412.06	14 846.64	121.46	9.94	25 901.14
聚集度	90.06	82.22	83.11	91.84	91.63	79.59

5.4 结论与讨论

（1）通过对各景观类型动态变化总体特征分析可得，20 世纪 80 年代、2000 年和 2005 年研究区景观类型所占比例最大的为耕地。20 世纪 80 年代至 2000 年间，生态景观中除林地面积增加外，其他景观类型均为减少，其中，草地面积减少最多，减少的面积为 7983.97km^2。2000—2005 年间，只有耕地和草地的面积在减少，说明在此期间人类活动的影响较大，建设用地占用耕地和荒草地开发现象比较明显。

（2）耕地转入和转出过程中，其和林地、草地之间的转化比较明显，耕地转为草地和林地，主要是当地退耕还林还草；林地和草地转为耕地主要是因为当时仍然存在着盲目开荒的现象，退耕还林还草和开荒现象并存。林地和草地之间的转化关系也比较密切。湿地的转出和转入主要是耕地，这主要是当地农民受到短期利益的影响，在洪水未出现前开发部分湿地种植农作物，而在出现洪水之后，预示到湿地的洪水调蓄功能，又出现退耕的现象。

（3）在转入贡献率中最占优势的是林地，转出贡献率最占优势的是耕地，进一步说明随着当地经济近十几年的快速发展，建设用地占用耕地和林地退化现象比较严重。在转移矩阵的基础上，结合各景观类型转移空间格局图，定量的揭示了研究时段内各种景观类型的重要性程度，同时还反映出了景观发生变化的主要区域和位置，有利于当地决策部门科学合理地制定相关政策。

（4）林地景观的总斑块数目、斑块密度和最大斑块指数，都呈现上升趋势，表明人类活动对林地的影响随着时间的推移在不断加剧。林地景观的分形维数从 20 世纪 80 年代的 1.08 下降到 2005 年的 1.06，表明林地景观斑块形状相似性变小，形状越来越不规则，也就是受到了更多的人为干扰的影响，这也说明了人们改善土地形态的行为强度，如植树造林、退耕还林。林地景观斑块结合度指数和景观聚集度的上升，以及景观分离度的下降，说明林地景观的整体团聚程度在逐年增加。

（5）草地景观的总斑块数目和斑块密度呈现上升趋势，表明人类活动对草地的影响随着时间的推移在减弱。草地景观的分形维数的降低，表明草地景观斑块形状越来越不规则，这也说明了人们改善土地形态的行为强度，如退耕还草和荒草地开发。林地景观斑块结合度指数和景观分离度的下降，说明草地景观的整体团聚程度在逐年增加。

参考文献

[1] 李秀彬. 全球环境变化研究的核心领域：土地利用/土地覆盖变化的国际研究动向. 地理学报，1996，51（5）：553-558.

[2] 彭建，王仰麟，刘松，等. 景观生态学与土地可持续利用研究. 北京大学学报（自然科学版），2004，40（1）：154-160.

[3] 邬建国. 景观生态学——格局、过程、尺度与等级. 北京：高等教育出版社，2000.

[4] Risser P G，Karr J R，Forman R T T. Landscape ecology：Directions and approaches. A workshop held at Allerton Park，Piatt：County Iillinois，1984.

[5] Pickett S T A，Cadenasso M L. Landscape ecology：spatial heterogeneity in ecological systems. Science，1995，269：331-334.

[6] Turner M G. Landscape ecology：the effect of pattern on process. Annual review of ecology and systematics，1989，20：171-179.

[7] 邬建国. 景观生态学——概念与理论. 生态学杂志，2000，19（1）：42-52.

[8] 许慧，王家骥. 景观生态学的理论与应用. 北京：中国环境科学出版社，1993.

[9] 宋艳暾，余世孝，李楠，等. 深圳快速城市化过程中的景观类型转化动态. 应用生态学报，2007，18（4）：788-794.

[10] 谢花林，李秀彬. 基于分形理论的土地利用空间行为特征分析——以江西东江源流域为例. 资源科学，2008，28（12）：1866-1872.

[11] 谢花林. 基于景观结构和空间统计学的区域生态风险分析. 生态学报，2008，28（10）：5020-5026.

[12] 谢花林. 土地利用规划环境影响评价理论、方法与实践研究. 北京：经济科学出版社，2009.

[13] 周小萍，陈百明，王秀芬. 区域农业土地可持续利用的空间尺度效应分析——以京津冀地区为例. 经济地理，2006，26（1）：100-105.

[14] 武剑，杨爱婷. 基于 ESDA 和 CSDA 的京津冀区域经济空间结构实证分析. 中国软科学，2010（3）：111-119.

[15] 何书金，李秀彬，朱会义，等. 环渤海地区耕地利用态势及保护开发途径. 地理研究，2002，21（3）：331-338.

[16] 陈利顶，傅伯杰. 黄河三角洲地区人类活动对景观结构的影响分析——以山东省东营市为例. 生态学报，1996，16（4）：337- 344.

[17] 郭丽英，王道龙，邱建军. 环渤海区域土地利用景观格局变化分析. 资源科学，2009，31（12）：2144-2149.

第6章

基于ESDA的区域县域尺度生态用地空间变化差异分析

6.1 引言

生态用地是人类赖以生存的基本资源与条件，保护生态用地，逐步恢复生态破坏严重地带，退还自然生态用地，不仅能够使土地生态服务得到有效保障，而且对于土地生态系统平衡，形成生态安全格局有着十分重要的作用（邓红兵等，2009）。在工业化、城镇化进程快速推进的背景下，人口不断增加与生态用地面积逐渐减少并存，生态用地保护的压力逐渐加大。因此，加强区域生态用地资源数量变化的特征、规律与空间格局等研究，对指导区域生态用地保护与实现社会经济持续、健康发展具有重要意义。传统的生态用地资源变化空间差异测度方法大都假设研究的空间实体之间是相互独立的，对其空间关系考虑较少，难以真正反映出其变化的区域总体差异与局部空间异质性如何。空间自相关是用来描述区域社会经济现象空间相互作用的一种空间统计方法（Anselin，1988）。ESDA（exploratory spatial data analysis，探索性空间数据分析）是一系列空间数据分析方法和技术的集合，以空间关联测度为核心，通过对事物或现象空间分布格局的描述与可视化，发现空间集聚和空间异常，揭示研究对象之间的空间相互作用机制[3]。其提出了空间关系定量测度，即空间权重矩阵的概念，为区域空间差异的定量研究提供了新的思路。空间自相关指同一变量在不同空间位置上的相关性，是空间域中聚集程度的一种度量（Anselin，1995；Getis，1996）。空间依赖性通常用空间自相关性系数Moran’s I（Moran，1950）和Geary’C（Geary，1954）来描述。

这些指标都分为全局指标和局部指标两种，全局指标用于验证整个研究区域某一要素的空间模式，而局部指标用反映整个区域中，一个局部小区域单元上的某种地理现象或某一属性与相邻局部小区域单元上同一现象或属性值的相关程度（Getis，1992；Cliff，1981）。由于全局 Moran's I 不能探测相邻区域之间经济增长的空间关联模式，所以局部空间自相关系数是可选择的度量指标（Getis，1996）。目前，ESDA 相关研究主要集中在经济发展差异（李小建，2001；王世杰等，2009；蒲英霞，2005；武剑，2010；Cem，2006）、城镇发展与空间结构（马晓东，2004；马荣华，2007）、房地产空间格局（杨卫青，2008；梅志雄，2008；孟斌，2005）和农业发展（潘竟虎，2008；王千，2009；谢花林，2010）、土地利用（郭斌，2010）等领域，其为本研究的实证分析提供了有益借鉴。本研究以生态用地保护前沿阵地的县域为基本研究单元，以京津冀地区为案例，借助 GIS 等软件，运用 ESDA 方法分析区域生态用地的数量变化空间关联与异质性，为有针对性地制定生态用地保护对策提供依据。

6.2 数据来源与研究方法

6.2.1 数据来源

本研究各县域所用的 20 世纪 80 年代、1995 年和 2000 年的土地利用数据来自于中国科学院环境资源数据中心的全国 1∶10 万土地利用数据库。社会经济数据主要来自历年京津冀地区及市统计年鉴，时间跨度为 1996—2000 年；考虑到各市市辖区在地域上的邻接、数据的可获得性与研究的需要，把各市辖区记作一个研究单元，则本研究的空间单元为 189 个县（市、区）。自改革开放至今，京津冀地区县级层面行政区划进行过调整，基于此在对数据分析时，统一以 2000 年末的县级基层行政单位为依据，合并后有关县（市、区）的数据为合并前各项数据的汇总值。

6.2.2 研究方法

6.2.2.1 全局空间自相关

全局空间自相关可以定量地测度某种地理现象在空间上的总体关联与差异程度。用于测度全局空间自相关的统计指标主要有 Moran's I、Geary's C 与 Getis's G，其中 Moran's I 较为常用。本研究以常用的 Moran's I 来测度全局空间自相关程度。其数学模型：

$$I=\frac{\sum_{i}^{n}\sum_{j\neq i}^{n}w_{ij}(x_i-\bar{x})(x_j-\bar{x})}{S^2\sum_{i}^{n}\sum_{j\neq i}^{n}W_{ij}}\qquad S^2=\frac{1}{n}\sum_{i}^{n}(x_i-\bar{x})^2\qquad \bar{x}=\frac{1}{n}\sum_{i(j)}^{n}x_{i(j)}\tag{6-1}$$

式中，x_i、x_j是研究单元 i 与 j 的地理属性观测值；$\bar{x}$ 为区域变量的平均值；S^2 为均方差；W_{ij} 为空间权重值，通常表示为 N 维的矩阵 $W_{(n\times n)}$，为空间相邻矩阵的标准化矩阵，根据研究的需要可由空间距离与空间拓扑实现。标准化 Z_{Score} 常用于检验 Moran's I 的显著性水平：

$$Z_{\text{Score}}=\frac{I-E(\mathrm{I})}{\sqrt{Var(\mathrm{I})}}\tag{6-2}$$

式中，E（I）与 Var（I）分别为 Moran's I 的期望值与方差。通常，当$|Z_{\text{Score}}|>1.96$（α=0.05），可以拒绝零假设 H_0（n 个空间对象属性取值之间不存在空间自相关性），变量在空间上存在显著的空间自相关性。Moran's I 的取值范围[−1，1]，在给定的显著性水平下，当 Moran's I ＞ 0 时，存在正的空间自相关，空间地理现象呈集聚态势；当 Moran's I＜0 时，存在负的空间自相关，空间地理现象呈离散状态；当 Moran's I= 0 时，则呈随机分布，不存在空间自相关。

6.2.2.2 局域空间自相关

LISA（local indicators of spatial association）是对全局空间自相关进行分解的一系列指标。其可以表述局域内部异质性的分布状况，度量区域 i 与其周边区域之间的空间差异程度及其显著性。其中，对第 i 个研究单元而言，与统计量 Global Moran's I 之间具有内在联系的局域空间关联性指标 Local Moran's I 数学模型为：

$$I_i=z_i\sum_{j=1}^{n}w_{ij}z_j(i\neq j)\tag{6-3}$$

式中，z_i、z_j分别为研究单元 i 与 j 的观测值的标准化；w_{ij}为空间权重。通常亦采用 Z_{Score} 值检验局域空间关联的显著性程度。在某显著水平 α 下，如 I_i 显著大于 0，则研究单元 i 与周围区域之间的空间差异小，即生态用地动态变化快的与变化慢的有局域各自集聚现象；如 I_i 显著小于 0，研究单元生态用地动态变化与其周边区域存在显著的差异。

同时，Moran 散点图在空间自相关分析中能够直观反映出空间自相关程度。在某显著水平下，结合 Moran 散点图，可形成 LISA 聚类图，其可以测度局域空间的异质状况，诊断局域空间集聚的“热点”与“冷点”。

6.3 区域生态用地动态变化的空间集聚与异质性分析

6.3.1 总体空间差异分析

以各类型生态用地动态变化量作为统计变量，以县域为基础单元，从 20 世纪 80 年代至 2000 年分两个时段开展研究。

借助 Geoda 软件，通过计算，20 世纪 80 年代至 2000 年京津冀地区林地、草地和湿地动态变化系数的 Global Moran's I 值分别为 0.3122、0.1884 和 0.266，均通过显著性水平 α = 0.05 的检验。20 世纪 80 年代至 2000 年，在 95%置信区间其指数大于 0，表明京津冀地区林地、草地和湿地等生态用地类型数量变化的区域分布存在较显著的集聚特征，即生态用地变化快的地区其周边区域变化也快，反之亦然。为了更好地反映生态用地变化空间差异的演变特征，把整个时段进一步划分为两个子时段 I 、II 。林地 Moran's I 值由时段 I 的 0.3084 减少至时段 II 的 0.3024，减少了 0.006，表明京津冀地区林地数量变化在空间分布上集聚的趋势在减弱（表 6-1）。草地 Moran's I 值由时段 I 的 0.1910 增加至时段 II 的 0.1955，增加了 0.0045，表明京津冀地区草地数量变化在空间分布上集聚的趋势在增强。湿地 Moran's I 值由时段 I 的 0.3011 增加至时段 II 的 0.0823，减少了 0.2188，表明京津冀地区湿地数量变化在空间分布上集聚的趋势在减弱。

表 6-1　京津冀地区县域各生态用地类型动态变化的 Global Moran's I 值与检验

生态用地类型	时 段	年 份	Moran's I	E（I）	Z_{Score}	阈值（α=0.05）
林地	时段 I	20 世纪 80 年代至 1995	0.308 4	−0.005 3	7.38	1.96
	时段 II	20 世纪 80 年代至 2000	0.302 4	−0.005 3	7.16	1.96
	时段III	20 世纪 80 年代至 2000	0.312 2	−0.005 3	7.33	1.96
草地	时段 I	20 世纪 80 年代至 1995	0.191 0	−0.005 3	4.44	1.96
	时段 II	20 世纪 80 年代至 2000	0.195 5	−0.005 3	5.99	1.96
	时段III	20 世纪 80 年代至 2000	0.184 4	−0.005 3	4.28	1.96
湿地	时段 I	20 世纪 80 年代至 1995	0.301 1	−0.005 3	6.63	1.96
	时段 II	20 世纪 80 年代至 2000	0.082 3	−0.005 3	2.89	1.96
	时段III	20 世纪 80 年代至 2000	0.266 0	−0.005 3	6.35	1.96

6.3.2 林地局域空间差异测度

6.3.2.1 局域 Moran's I_i 计算与分析

为更好地探究 20 世纪 80 年代至 2000 年期间京津冀地区林地资源变化差异的局部格局，借助 Geoda 软件分别计算时段Ⅰ、Ⅱ、Ⅲ县域林地变化的 Local Moran's I 值及其显著性。从整个时间段（20 世纪 80 年代至 2000 年）看，各县的局域 Moran's I 范围在[–2.458 8，11.956 9]，极差为 14.415 7，其中近 80%的区域林地变化具有较明显的集聚性，近 20%的县与周边区域林地变化有明显的不同（表 6-2）；其中，时段Ⅰ各县的局域 Moran's I 极差为 16.115 9，有近 80%区域林地变化具有较明显的集聚性，近 20%的区域具异质性；时段Ⅱ局域 Moran's I_i 最大值 $I_{(延庆县)}$ = 12.387 1，最小 $I_{(密云县)}$ = –3.728 8，极差为 6.196 8。其正值、负值的比率由时段Ⅰ到时段Ⅱ分别呈下降、上升趋势，表明了京津冀地区县域林地资源变化在空间上整体集聚，局域异质的增强。

表 6-2 京津冀地区 20 世纪 80 年代至 2000 年县域林地变化的 Local Moran's I 相关参数

时 段	最小值	最大值	平均值	Moran's I_i（+）	Moran's I_i（-）	Range
时段Ⅰ	–2.511 2	11.966 7	0.508 8	84.127	15.873	14.477 9
时段Ⅱ	–3.728 8	12.387 1	0.397 8	70.371	29.629	16.115 9
时段Ⅲ	–2.458 8	11.956 9	0.514 6	84.127	15.873	14.415 7

为进一步验证林地资源变化空间格局的测度结果，以县级政府驻地作为离散点，采用 IDW 插值的方法将各县的局域 Moran's I_i 值空间化，栅格大小为 1000m×1000m，得到京津冀地区林地资源变化的空间分异图（图 6-1）。由两时段的局域 Moran's I_i 值 Grid 图，可以看出京津冀地区林地资源变化的空间格局呈现出较明显的区域化分异的结构特征，尤其是高值区域和低值区域的集聚特征十分显著。

6.3.2.2 基于局域 Moran's I_i 的林地变化空间关联聚类与分布特点

借助 Geoda 软件，计算出各研究单元的变量 Z 及其空间滞后向量 W_z，分别以其作为横轴、纵轴，即研究单元观测值标准化值（Std-I_{clc}）为横轴，各研究单元观测值相应空间滞后（Lag-I_{clc}）为纵轴，把京津冀地区各个时段各研究单元的林地变化局域 Moran's I_i 分解构成 Moran 散点图（见图 6-2、图 6-3 和图 6-4）。

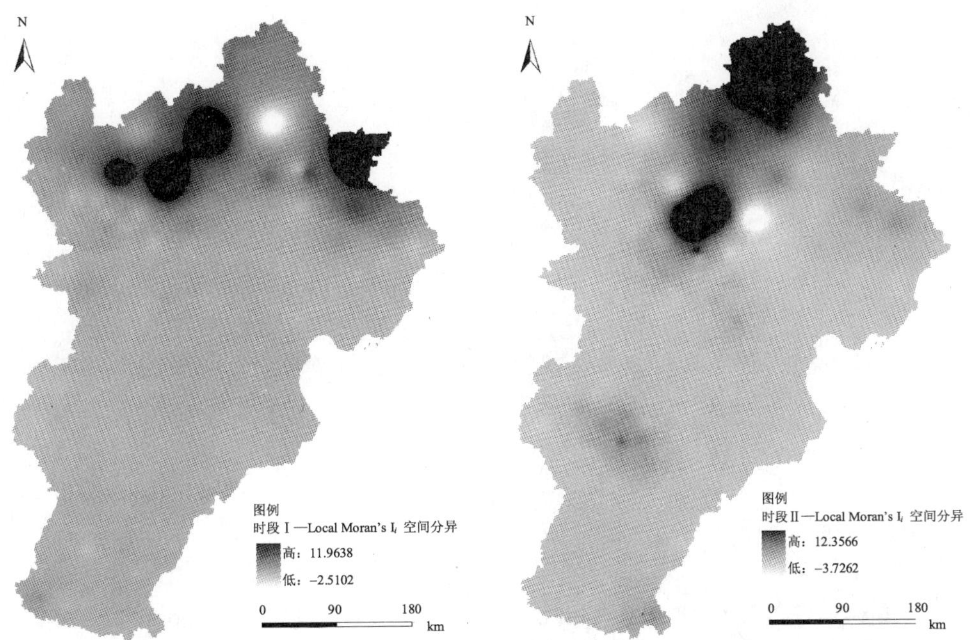

图 6-1　京津冀地区县域林地动态变化系数的 Local Moran's I_i 分异

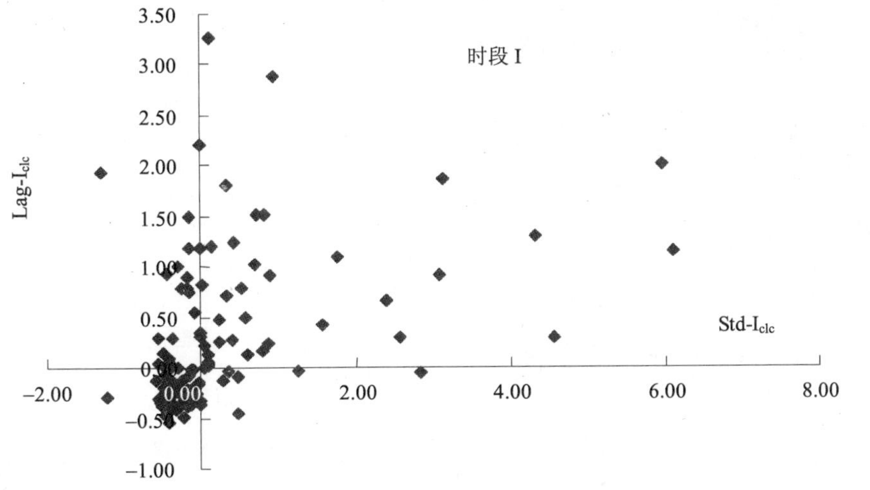

图 6-2　京津冀地区时段Ⅰ（20 世纪 80 年代至 1995 年）县域林地动态变化 Moran 散点图

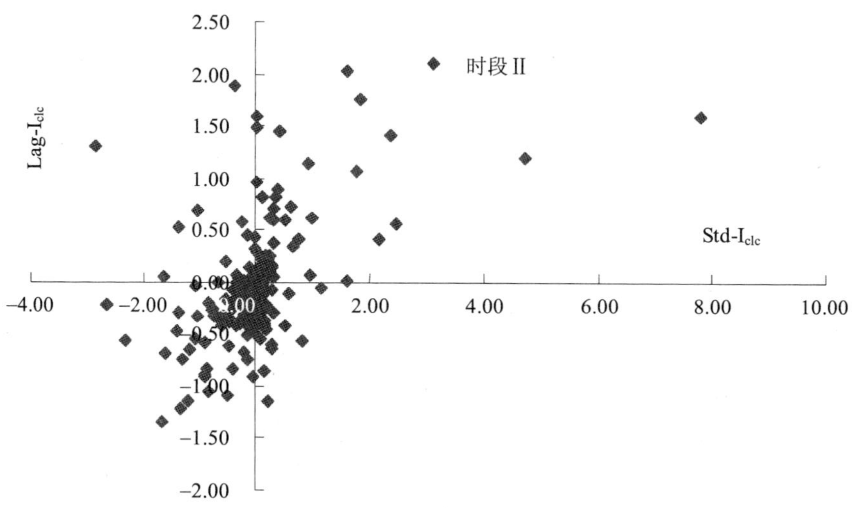

图 6-3 京津冀地区时段Ⅱ（1995—2000 年）县域林地动态变化 Moran 散点图

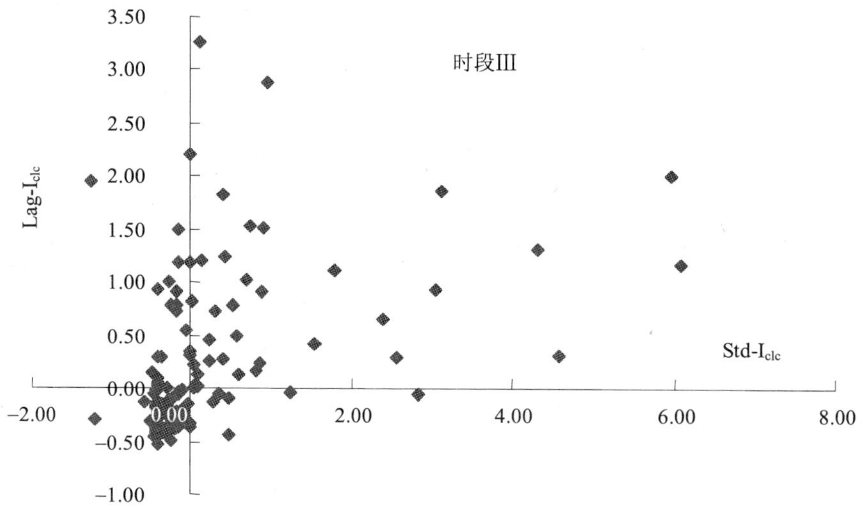

图 6-4 京津冀地区时段Ⅲ（20 世纪 80 年代至 2000 年）县域林地动态变化 Moran 散点图

当 $Std\text{-}I_{clc}>0$，研究单元属于林地数量变化较快区域，反之属于相对较慢区域。整个时段（20 世纪 80 年代至 2000 年）此值大于 0 的区域占 21.69%（表 6-3）。此值由时段 I 的 21.16%提高到时段 II 的 50.79%，从空间关联角度表明京津冀地区林地变化相对较快的区域在增多；当 $Lag\text{-}I_{clc}>0$，研究单元的周围区域属于变化较快区域，反之属于变化较慢区域。20 世纪 80 年代至 2000 年期间，$Lag\text{-}I_{clc}>0$ 的区域约占 32.28%，从时间角度其仍是不断增加，进一步证实了 $Std\text{-}I_{clc}$ 指标反映的情况。

据 $Std\text{-}I_{clc}$、$Lag\text{-}I_{clc}$ 的属性组合可划分成正、负空间关联两种、四类不同的林地资源变化差异类型区（表 6-3）。其四类型分别为正相关的“高–高”类型区（H–H）、正相关的“低–低”类型区（L–L）、负相关的“低–高”类型区（L–H）、负相关的“高–低”类型区（H–L）。

表 6-3　京津冀地区县域林地变化标准变量 Z 相关参数与差异类型

相关参数	$Std\text{-}I_{clc}>0$	$Std\text{-}I_{clc}<0$	$Lag\text{-}I_{clc}>0$	$Lag\text{-}I_{clc}<0$	H–H		H–L		L–L		L–H	
	比率	比率	比率	比率	组配	比率	组配	比率	组配	比率	组配	比率
时段 I	21.16	78.84	31.75	68.25	S_+L_+	17.98	S_+L_-	3.7	S_-L_-	64.55	S_-L_+	13.76
时段 II	50.79	49.21	44.44	55.56	S_+L_+	32.27	S_+L_-	19.05	S_-L_-	36.51	S_-L_+	12.17
时段 III	21.69	78.31	32.28	67.72	S_+L_+	17.98	S_+L_-	3.7	S_-L_-	64.55	S_-L_+	13.76

注：S_+—$Std\text{-}I_{clc}>0$，S_-—$Std\text{-}I_{clc}<0$，L_+—$Lag\text{-}I_{clc}>0$，L_-—$Lag\text{-}I_{clc}<0$。

20 世纪 80 年代至 2000 年，县域林地动态变化空间分布类型中属于 H–H 类型的有围场、张北、尚义等 34 个区域，占 17.98%；H–L 型主要有邢台、易县、曲阳等 7 个区域，占 3.7%；L–H 类型主要为卢龙、隆化、怀来等 122 个区域，占 64.55%；L–L 类型的有正定县、沧县、元氏县等 26 个区域，占 13.76%。

为了更深入了解 20 世纪 80 年代至 2000 年期间空间分布类型的变化与分布特征，分别将时段 I 、II 的各县归属类型与相应的空间进行匹配，形成两时段的 LISA 集聚专题图（图 6-5）。

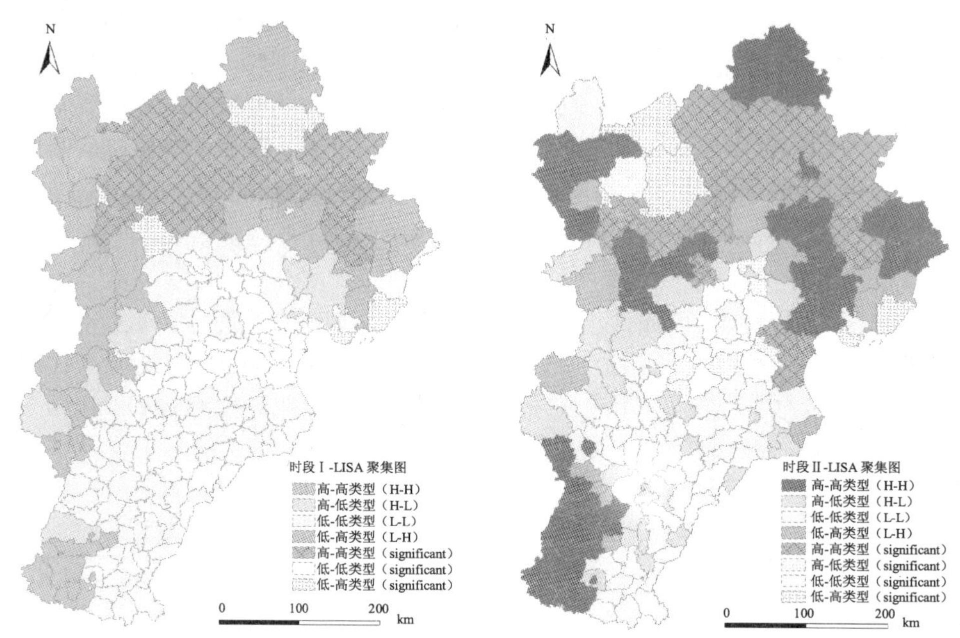

图 6-5　京津冀地区县域林地变化的 LISA 集聚图

从两个时段的四种类型的空间分布可得出：

（1）“高-高”类型区（H-H），归属此类型的区域其 Std-I_{clc}＞0、Lag-I_{clc}＞0（Local Moran's I_i（+）），存在正的空间自相关，林地变化的局域空间差异小，局域均质性较强，即研究单元本身与周边区域林地变化均较快。从时段Ⅰ的该类型区域占 17.98%，增加至时段Ⅱ的 32.27%。此类型的区域主要分布在京津冀地区的北部山区，此区包括丰宁县、滦平县、平泉县等在内的经济发展水平较低的县（市、区）域，此类型几乎全为林地减少型“高-高”区。经济发展较低，城镇化水平较低，是其林地减少较快的重要原因之一。

（2）“低-低”类型区（L-L），此类型区的 Std-I_{clc}＜0、Lag-I_{clc}＜0，Local Moran's I_i 仍均为正值，研究单元与其周边区域林地变化均较慢，林地变化的局域空间差异小。此类型区由时段Ⅰ的 122 个减少到时段Ⅱ的 69 个，该类型区的林地变化率绝大多数低于全区的平均水平，其中时段Ⅰ有 64.55%的区域在全省平均水平以下。此类型区主要分布在京津冀地区的东南部平原区，如献县、东光、故城和大名等县域。

（3）“低-高”类型区（L-H），此类型区的 Std-I_{clc}＜0、Lag-I_{clc}＞0，其局域 Moran's I_i 均为负值，存在负的空间自相关，林地变化的局部空间差异较大，局域异质性较强，即研究单元本身林地变化较慢，形成局域异质“冷点”，但其周边地区林地变化较快。时段Ⅰ、Ⅱ此类型区分别有 26 个、23 个，分别占总数的 13.76%、12.17%。在时段Ⅰ的此类型区显著性分布在怀来县、隆化县和乐亭县等区域。而在时段Ⅱ的此类型区显著性分布在沽源县和赤诚等区域。

（4）“高-低”类型区（H-L）此类型区的 Std-I_{clc}＞0、Lag-I_{clc}＜0，其局域 Moran's I_i 均为负值，林地变化的局域空间差异较大，研究单元林地变化较快，形成局域异质“热点”，但其周边地区林地变化较慢。时段Ⅰ有 7 个此类型区域，时段Ⅱ有 36 个，两时段的该类型区的林地变化率均高于全省的平均水平。在时段Ⅱ的此类型区显著性分布在安新县、文安县、高阳县和西青区等区域。

6.3.3 草地局域空间差异测度

6.3.3.1 局域 Moran's I_i 计算与分析

为更好地探究 20 世纪 80 年代至 2000 年期间京津冀地区草地资源变化差异的局部格局，借助 Geoda 软件分别计算时段Ⅰ、Ⅱ、Ⅲ县域草地变化的 Local Moran's I 值及其显著性。从整个时间段（20 世纪 80 年代至 2000 年）来看，各县的局域 Moran's I 范围在[–4.454 8，13.035 7]，极差为 17.490 4，其中近 85%的区域草地变化具有较明显的集聚性，近 15%的县与周边区域草地变化有明显的不同（表 6-4）；其中，时段Ⅰ各县的局域 Moran's I 极差为 17.490 1，有近 85%区域草地变化具有较明显的集聚性，近 15%的区域具异质性；时段Ⅱ局域 Moran's I_i 最大值 $I_{(密云县)}$ = 10.928 2，最小 $I_{(滦平县)}$ =–1.535 1，极差为 12.463 3。其正值、负值的比率由时段Ⅰ到时段Ⅱ分别呈下降、上升趋势，表明了京津冀地区县域草地资源变化在空间上整体集聚，局域异质的增强。

表 6-4　京津冀地区 20 世纪 80 年代至 2000 年县域草地变化的 Local Moran's I 相关参数

时 段	最小值	最大值	平均值	Moran's I_i（+）	Moran's I_i（-）	Range
时段Ⅰ	–4.473 2	13.096	0.290 8	84.66	15.34	17.490 1
时段Ⅱ	–1.535 1	10.928 2	0.323 2	82.01	17.99	12.463 3
时段Ⅲ	–4.454 8	13.035 7	0.287 0	84.66	15.34	17.490 4

为进一步验证草地资源变化空间格局的测度结果，以县级政府驻地作为离散点，采用 IDW 插值的方法将各县的局域 Moran's I_i 值空间化，栅格大小为 1 000m×1 000m，得到京津冀地区草地资源变化的空间分异图（图 6-6）。由两时段的局域 Moran's I_i 值 Grid 图，可以看出京津冀地区草地资源变化的空间格局呈现出较明显的区域化分异的结构特征，尤其是高值区域和低值区域的集聚特征十分显著。

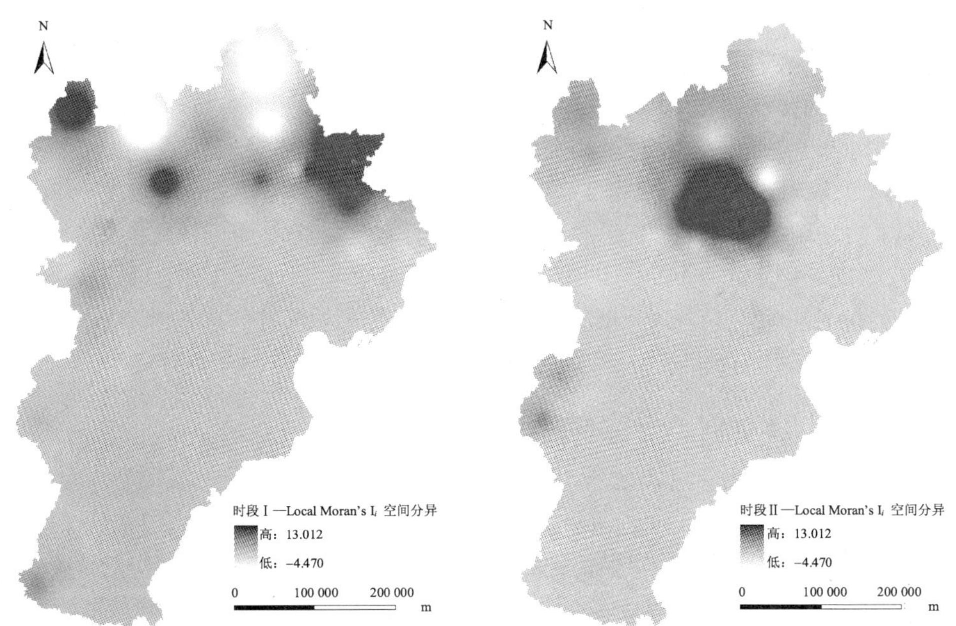

图 6-6 京津冀地区县域草地动态变化系数的 Local Moran's I_i 分异

6.3.3.2 基于局域 Moran's I_i 的草地变化空间关联聚类与分布特点

借助 Geoda 软件，计算出各研究单元的变量 Z 及其空间滞后向量 W_z，分别以其作为横轴、纵轴，即研究单元观测值标准化值（Std-I_{clc}）为横轴，各研究单元观测值相应空间滞后（Lag-I_{clc}）为纵轴，把京津冀地区各研究单元的草地变化局域 Moran's I_i 分解构成 Moran 散点图（图 6-7、图 6-8 和图 6-9）。

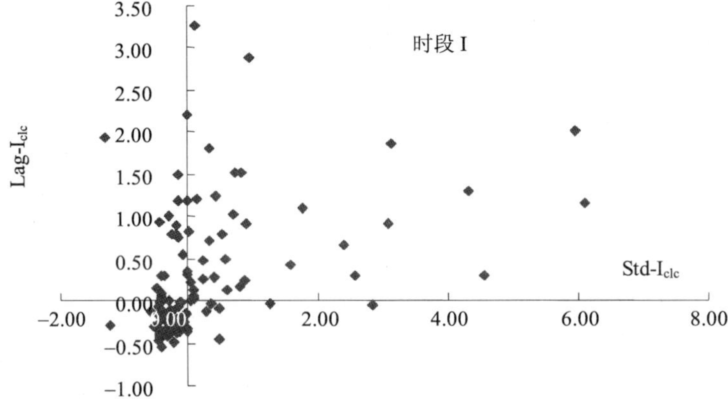

图 6-7 京津冀地区时段Ⅰ（20 世纪 80 年代至 1995 年）县域草地动态变化 Moran 散点图

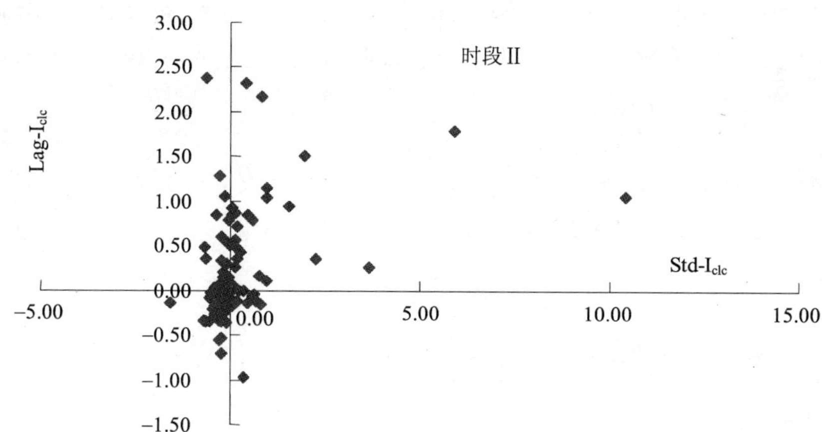

图 6-8　京津冀地区时段Ⅱ（1995—2000 年）县域草地动态变化 Moran 散点图

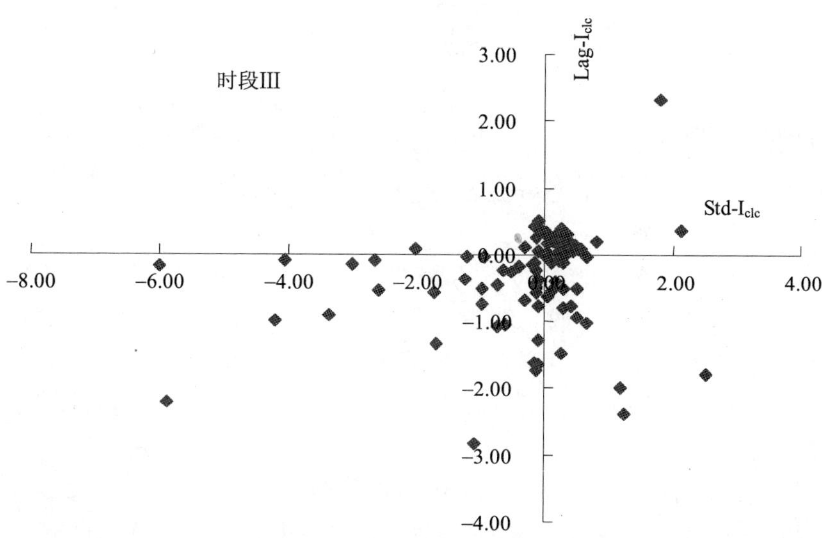

图 6-9　京津冀地区时段Ⅲ（20 世纪 80 年代至 2000 年）县域草地动态变化 Moran 散点图

当 Std-I_{clc}＞0，研究单元属于草地数量变化较快区域，反之属于相对较慢区域。整个时段（20 世纪 80 年代至 2000 年）此值大于 0 的区域占 77.78%（表 6-4）。此值由时段Ⅰ的 77.78%降低至时段Ⅱ的 20.11%，从空间关联角度表明京津冀地区草地变化相对较快的区域在减少；当 Lag-I_{clc}＞0，研究单元的周围区域属于变化较快区域，反之属于变化较慢区域。20 世纪 80 年代至 2000 年期间，Lag-I_{clc}＞0 的区域约占 69.84%，从时间角度其仍是不断减少，进一步证实了 Std-I_{clc} 指标反映的情况。

据 Std-I_{clc}、Lag-I_{clc} 的属性组合可划分成正、负空间关联两种、四类不同的草地资源变化差异类型区（表 4-5）。其四类型分别为正相关的“高–高”类型区（H–H）、正相关的“低–低”类型区（L–L）、负相关的“低–高”类型区（L–H）、负相关的“高–低”类型区（H–L）。

表 6-5　京津冀地区县域草地变化标准变量 Z 相关参数与差异类型

相关参数	Std-I_{clc}＞0	Std-I_{clc}＜0	Lag-I_{clc}＞0	Lag-I_{clc}＜0	H–H		H–L		L–L		L–H	
	比率	比率	比率	比率	组配	比率	组配	比率	组配	比率	组配	比率
时段 I	77.78	22.22	69.84	30.16	S_+L_+	66.14	S_+L_-	11.64	S_-L_-	18.52	S_-L_+	3.7
时段 II	20.11	79.89	26.98	73.02	S_+L_+	13.76	S_+L_-	6.35	S_-L_-	66.67	S_-L_+	13.23
时段 III	77.78	22.22	69.84	30.16	S_+L_+	66.14	S_+L_-	11.64	S_-L_-	18.52	S_-L_+	3.7

注：S_+—Std-I_{clc} > 0，S_-—Std-I_{clc} < 0，L_+—Lag-I_{clc} > 0，L_-—Lag-I_{clc} < 0。

20 世纪 80 年代至 2000 年，县域草地动态变化空间分布类型中属于 H–H 类型的有张北县、尚义县、行唐县和玉田县等 125 个区域，占 66.14%；H–L 类型的主要有兴隆县、迁安市、隆化县和围场县等 22 个区域，占 11.64%；L–H 类型主要为昌黎县、海兴县和曲阳县等 7 个区域，占 3.7%；L–L 类型的有怀来县、丰宁县、平泉县等 35 个区域，占 18.52%。

为了更深入了解 20 世纪 80 年代至 2000 年期间空间分布类型的变化与分布特征，分别将时段Ⅰ、Ⅱ的各县归属类型与相应的空间进行匹配，形成两时段的 LISA 集聚专题图（图 6-10）。

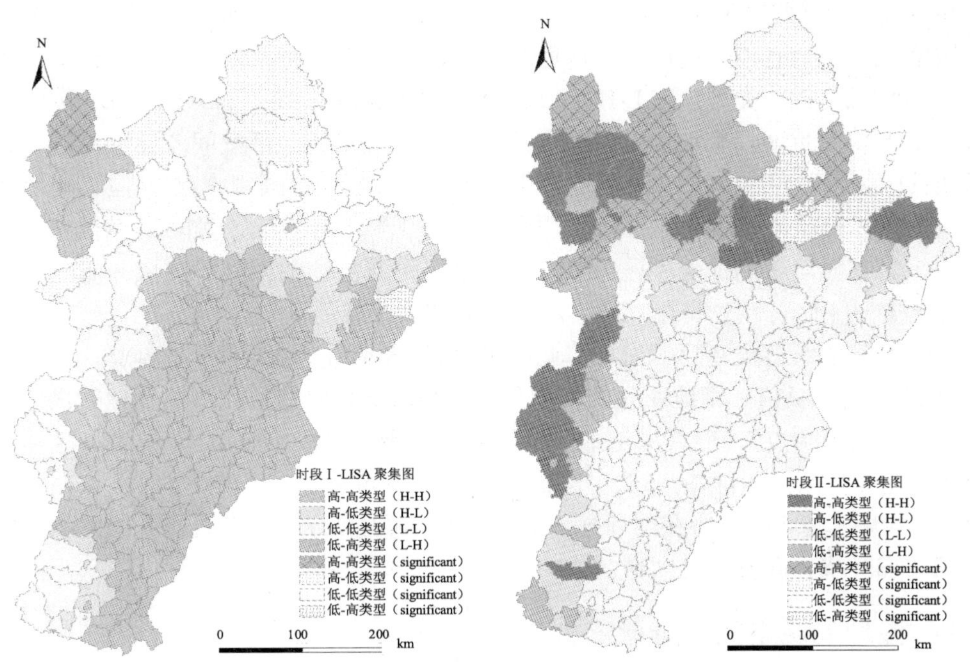

图 6-10　京津冀地区县域草地变化的 LISA 集聚图

从两个时段的四种类型的空间分布可得出：

（1）"高-高"类型区（H-H），归属此类型的区域其 Std-I_{clc}＞0、Lag-I_{clc}＞0（Local Moran's I_i（+）），存在正的空间自相关，草地变化的局域空间差异小，局域均质性较强，即研究单元本身与周边区域草地变化均较快。从时段 I 的该类型区域占 66.14%，下降至时段 II 的 13.76%。在时段 I，此类型的区域主要分布在京津冀地区的中南部的平原区，此区包括北京、天津等大城市的辖区等在内的经济发展水平较高的县（市、区）域，此类型几乎全为草地减少型"高-高"区。经济发展较高，城镇化水平较高，建设占用，土地开发较大，可能是导致其草地减少较快的重要原因之一。而在时段 II，这些区域主要显著性地分布在赤城、沽源、康保等西北部的山区。

（2）"低-低"类型区（L-L），此类型区的 Std-I_{clc}＜0、Lag-I_{clc}＜0，Local Moran's I_i 仍均为正值，研究单元与其周边区域草地变化均较慢，草地变化的局域空间差异小。此类型区由时段 I 的 35 个增加至时段Ⅱ的 126 个，该类型区的草地变化率绝大多数低于全区的平均水平，其中时段Ⅱ有 66.67%的区域在全省平均水平以下。在时段 I，这些区域主要显著性分布在滦平县、承德市、宽城先和平泉县等区域。

而在时段 II，这些区域主要是第一时段的高-高类型区演化过来的，这主要是这些区域第一时段草地减少量较大，使得区域草地所剩较少的原因。

（3）“低-高”类型区（L-H），此类型区的 Std-I_{clc}＜0、Lag-I_{clc}＞0，其局域 Moran's I_i 均为负值，存在负的空间自相关，草地变化的局部空间差异较大，局域异质性较强，即研究单元本身草地变化较慢，形成局域异质“冷点”，但其周边地区草地变化较快。时段 I 、II 此类型区分别有 7 个、25 个，分别占总数的 3.7%、13.23%。在时段 I 的此类型区分布在怀安县、海兴县和曲阳县等区域。而在时段 II 的此类型区显著性分布在兴隆县、宽城县和滦平县等区域。

（4）“高-低”类型区（H-L）此类型区的 Std-I_{clc}＞0、Lag-I_{clc}＜0，其局域 Moran's I_i 均为负值，草地变化的局域空间差异较大，研究单元草地变化较快，形成局域异质“热点”，但其周边地区草地变化较慢。时段 I 有 22 个此类型区域，时段 II 有 12 个，两时段的该类型区的草地变化率均高于全区的平均水平。在时段 I 的此类型区显著性分布在围场县、隆化县和沽源县等区域。在时段 II 的此类型区分布在邢台市、武安县等区域。

6.3.4 湿地局域空间差异测度

6.3.4.1 局域 Moran's I_i 计算与分析

为更好地探究 20 世纪 80 年代至 2000 年期间京津冀地区湿地资源变化差异的局部格局，借助 Geoda 软件分别计算时段 I 、II 、III县域湿地变化的 Local Moran's I 值及其显著性。从整个时间段（20 世纪 80 年代至 2000 年）来看，各县的局域 Moran's I 范围在[–2.135 6，13.630 8]，极差为 15.766 5，其中近 68%的区域湿地变化具有较明显的集聚性，近 32%的县与周边区域湿地变化有明显的不同（表 6-6）；其中，时段 I 各县的局域 Moran's I 极差为 18.669 8，有近 70%的区域湿地变化具有较明显的集聚性，近 30%的区域具异质性；时段 II 局域 Moran's I_i 最大值 $I_{(津南区)}$=5.986 9，最小 $I_{(塘沽区)}$ = –0.037 3，极差为 6.024 2。其正值、负值的比率由时段 I 到时段 II 分别呈下降、上升趋势，表明了京津冀地区县域湿地资源变化在空间上整体集聚，局域异质的增强。

表 6-6 京津冀地区 20 世纪 80 年代至 2000 年县域湿地变化的 Local Moran's I 相关参数

时 段	最小值	最大值	平均值	Moran's I_i（+）	Moran's I_i（-）	Range
时段 I	–3.077 5	15.592 3	0.547 8	69.84	30.16	18.669 8
时段 II	–0.037 3	5.986 9	0.147 0	81.48	18.52	6.024 2
时段III	–2.135 6	13.630 8	0.476 5	68.25	31.75	15.766 5

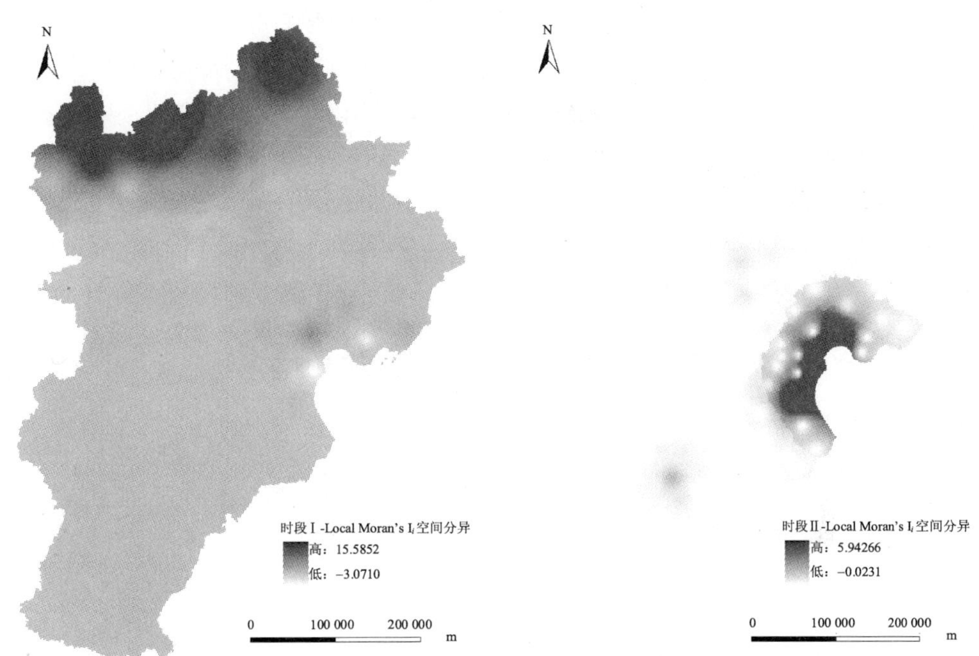

图 6-11　京津冀地区县域湿地动态变化系数的 Local Moran's I_i 分异

为进一步验证湿地资源变化空间格局的测度结果，以县级政府驻地作为离散点，采用 IDW 插值的方法将各县的局域 Moran's I_i 值空间化，栅格大小为 1000m×1000m，得到京津冀地区湿地资源变化的空间分异图（图 6-11）。由两时段的局域 Moran's I_i 值 Grid 图，可以看出京津冀地区湿地资源变化的空间格局呈现出较明显的区域化分异的结构特征，尤其是高值区域和低值区域的集聚特征十分显著。

6.3.4.2 基于局域 Moran's I_i 的湿地变化空间关联聚类与分布特点

借助 Geoda 软件，计算出各研究单元的变量 Z 及其空间滞后向量 W_z，分别以其作为横轴、纵轴，即研究单元观测值标准化值（Std-I_{clc}）为横轴，各研究单元观测值相应空间滞后（Lag-I_{clc}）为纵轴，把京津冀地区各研究单元的湿地变化局域 Moran's I_i 分解构成 Moran 散点图（图 6-12、图 6-13 和图 6-14）。

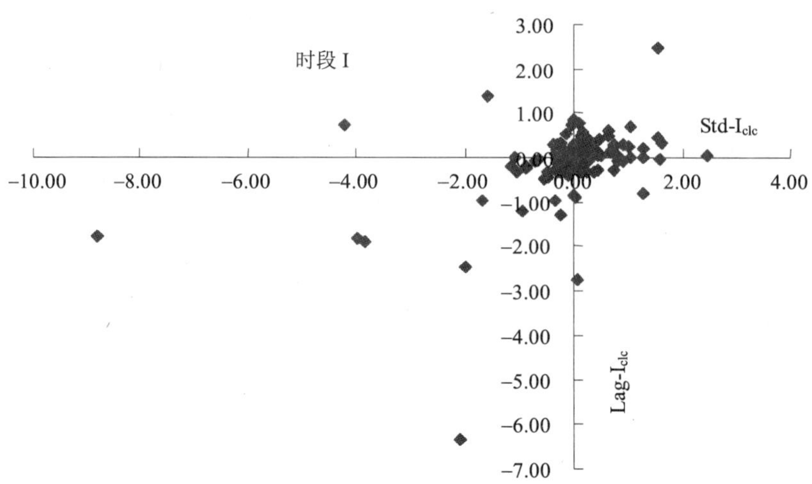

图 6-12　京津冀地区时段 I（20 世纪 80 年代至 1995 年）县域湿地动态变化 Moran 散点图

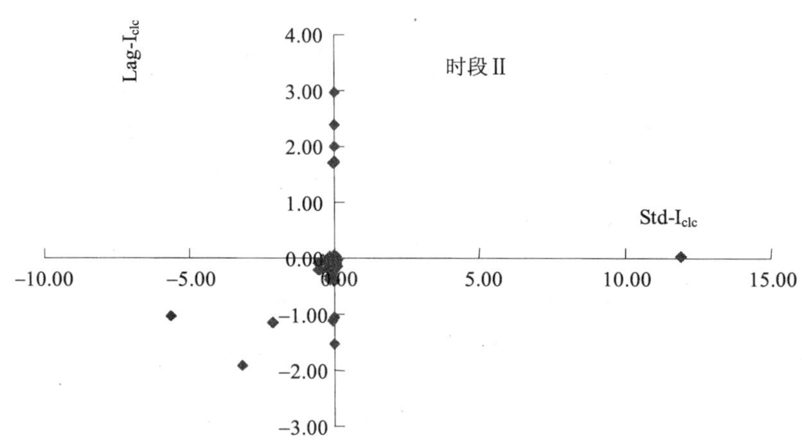

图 6-13　京津冀地区时段 II（1995—2000 年）县域湿地动态变化 Moran 散点图

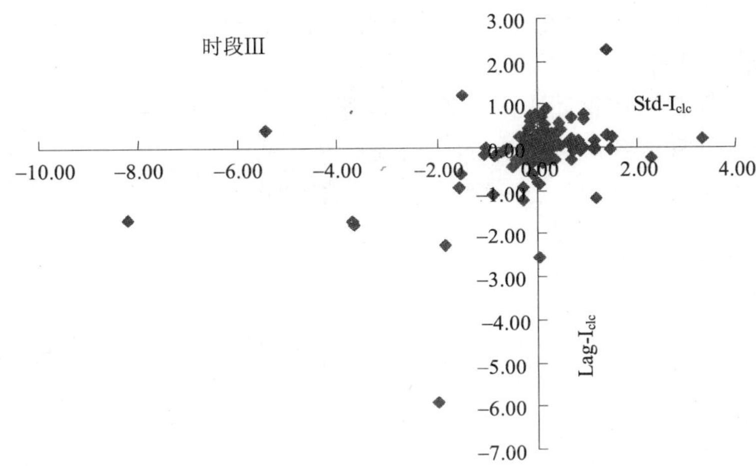

图 6-14　京津冀地区时段Ⅲ（20 世纪 80 年代至 2000 年）县域湿地动态变化 Moran 散点图

当 Std-I_{clc}>0，研究单元属于湿地数量变化较快区域，反之属于相对较慢区域。整个时段（20 世纪 80 年代至 2000 年）此值大于 0 的区域占 69.84%（表 6-7）。此值由时段Ⅰ的 70.37%增加至时段Ⅱ的 74.07%，从空间关联角度表明京津冀地区湿地变化相对较快的区域在增加；当 Lag-I_{clc}>0，研究单元的周围区域属于变化较快区域，反之属于变化较慢区域。20 世纪 80 年代至 2000 年期间，Lag-I_{clc}>0 的区域约占 60.85%，从时间角度其仍是不断减少，进一步证实了 Std-I_{clc} 指标反映的情况。

据 Std-I_{clc}、Lag-I_{clc} 的属性组合可划分成正、负空间关联两种、四类不同的湿地资源变化差异类型区（表 6-7）。其四类型分别为正相关的“高–高”类型区（H–H）、正相关的“低–低”类型区（L–L）、负相关的“低–高”类型区（L–H）、负相关的“高–低”类型区（H–L）。

表 6-7　京津冀地区县域湿地变化标准变量 Z 相关参数与差异类型

相关	Std-I_{clc}>0	Std-I_{clc}<0	Lag-I_{clc}>0	Lag-I_{clc}<0	H–H		H–L		L–L		L–H	
参数	比率	比率	比率	比率	组配	比率	组配	比率	组配	比率	组配	比率
时段Ⅰ	70.37	29.63	60.32	39.68	S_+L_+	50.79	S_+L_-	19.58	S_-L_-	20.11	S_-L_+	9.52
时段Ⅱ	74.07	25.93	65.61	34.39	S_+L_+	59.79	S_+L_-	14.29	S_-L_-	20.11	S_-L_+	5.92
时段Ⅲ	69.84	30.16	60.85	39.15	S_+L_+	49.73	S_+L_-	20.11	S_-L_-	19.05	S_-L_+	11.11

注：S_+—Std-I_{clc} > 0，S_-—Std-I_{clc} < 0，L_+—Lag-I_{clc} > 0，L_-—Lag-I_{clc} < 0。

20 世纪 80 年代至 2000 年，县域湿地动态变化空间分布类型中属于 H–H 类型的有怀来县、平谷区、海淀区、朝阳区等 94 个区域，占 49.73%；H–L 型主要有迁安市、阳原县、涞水和滦南县等 38 个区域，占 20.11%；L–H 类型主要为遵化市、蔚县、北辰区和清苑县等 21 个区域，占 11.11%；L–L 类型的卢龙县、涞源县、满城县和顺平县等 36 个区域，占 19.05%。

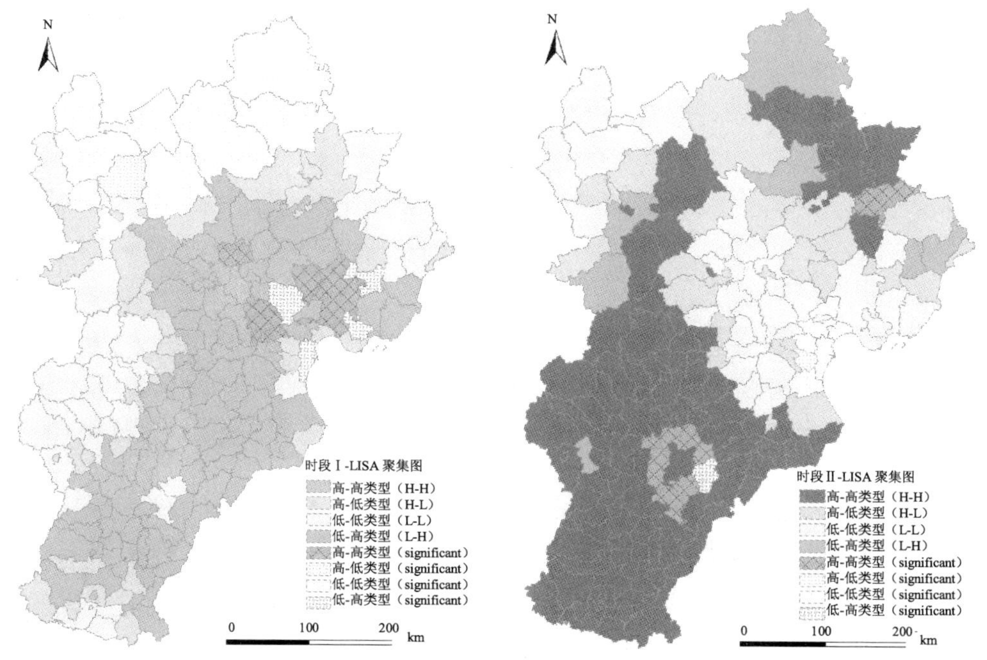

图 6-15 京津冀地区县域湿地变化的 LISA 集聚图

为了更深入地了解 20 世纪 80 年代至 2000 年期间空间分布类型的变化与分布特征，分别将时段Ⅰ、Ⅱ的各县归属类型与相应的空间进行匹配，形成两时段的 LISA 集聚专题图（图 6-15）。

从两个时段四种类型的空间分布可得出：

（1）“高-高”类型区（H-H），归属此类型的区域其 $Std\text{-}I_{clc}>0$、$Lag\text{-}I_{clc}>0$（Local Moran's I_i（+）），存在正的空间自相关，湿地变化的局域空间差异小，局域均质性较强，即研究单元本身与周边区域湿地变化均较快。从时段 I 的该类型区域占 50.79%，增加至时段 II 的 59.79%。在时段 I，此类型的区域主要分布在京津冀地区中东部的平原区，此区包括北京、天津等大城市的辖区等在内的经济发展水平较高的县（市、区）域，此类型几乎全为湿地减少型“高-高”区。经济发展较高，城镇化水平较高，建设占用，土地开发较大，可能是导致其湿地减少较快的重要原因之一。而在时段Ⅱ，这些区域主要显著性地分布在博野县、安平县、深泽县、辛集市等西南部的平原区。

（2）“低-低”类型区（L-L），此类型区的 $Std\text{-}I_{clc}<0$、$Lag\text{-}I_{clc}<0$，Local Moran's I_i 仍均为正值，研究单元与其周边区域湿地变化均较慢，湿地变化的局域空间差异小。此类型区时段Ⅰ和时段Ⅱ都为 38 个，该类型区的湿地变化率绝大多数低于全区的平均水平。在时段Ⅰ，这些区域主要显著性地分布在丰宁县、围场县和沽源县等北部的山区。而在时段Ⅱ，这些区域主要显著性地分布在宁河县、汉沽区、塘沽区和大港区等东部沿海地区。

（3）“低-高”类型区（L-H），此类型区的 $Std\text{-}I_{clc}<0$、$Lag\text{-}I_{clc}>0$，其局域 Moran's I_i 均为负值，存在负的空间自相关，湿地变化的局部空间差异较大，局域异质性较强，即研究单元本身湿地变化较慢，形成局域异质“冷点”，但其周边地区湿地变化较快。时段Ⅰ、Ⅱ此类型区分别有 18 个、11 个，分别占总数的 9.52%、5.92%。在时段Ⅰ的此类型区分布在邢台市、武安市和永年县等区域。而在时段Ⅱ的此类型区主要分布在蔚县、宣化县和抚宁县等区域。

（4）“高-低”类型区（H-L）此类型区的 $Std\text{-}I_{clc}>0$、$Lag\text{-}I_{clc}<0$，其局域 Moran's I_i 均为负值，湿地变化的局域空间差异较大，研究单元湿地变化较快，形成局域异质“热点”，但其周边地区湿地变化较慢。时段Ⅰ有 37 个此类型区域，时段Ⅱ有 27 个，两时段的该类型区的湿地变化率均高于全区的平均水平。在时段Ⅰ的此类型区主要分布在涉县、魏县和滦平县等区域。在时段Ⅱ的此类型区显著性分布在津南区、西青区等区域。

6.4 结论

传统的区域差异度量方法，忽视了地理位置因素，无法真正反映区域差异变化的空间特征与成因。以空间关联测度为核心的 ESDA 方法，通过定义空间权重矩阵，较好地解决了区域之间的空间关系问题，为区域生态用地空间差异的定量分析提供了有力支撑。

（1）20 世纪 80 年代至 2000 年京津冀地区林地、草地和湿地等生态用地类型数量变化的区域分布存在较显著的集聚特征，即生态用地变化快的地区其周边区域变化也快，反之亦然。

（2）林地 Moran's I 值由时段Ⅰ的 0.308 4 减少至时段Ⅱ的 0.302 4，表明京津冀地区林地数量变化在空间分布上集聚的趋势在减弱；而草地 Moran's I 值刚好相反，由时段Ⅰ的 0.191 0 增加至时段Ⅱ的 0.195 5，表明京津冀地区草地数量变化在空间分布上集聚的趋势在增强。

（3）从整个时间段（20 世纪 80 年代至 2000 年）来看，各县的局域 Moran's I 范围在[−2.458 8，11.956 9]，极差为 14.415 7，其中近 80%的区域林地变化具有较明显的集聚性，近 20%的县与周边区域林地变化有明显的不同。

（4）以 Std-I_{clc} 及其 Lag-I_{clc} 的属性匹配，划分成了正、负自相关的两种、四类型区：①“H-H”类型区（正相关）、②“L-L”类型区（正相关）、③“L-H”类型区（负相关）④“H-L”类型区（负相关）。四种类型区的生态用地变化特征、变化原因及其地域分布等各异，不同类型区生态用地保护的途径与具体措施不一，因此要有针对性地提出各类型区生态用地保护的具体方案。

（5）实例研究表明，与一般聚类分析方法相比，以空间关联测度为核心的 ESDA 作为研究空间相关性的一种方法，从空间关系的角度，能科学地揭示生态资源变化差异的空间分布特征及局域异质、均质性情况，其是分析生态资源变化空间格局的一种有效方法。

参考文献

[1] 邓红兵，陈春娣，刘昕，等. 区域生态用地的概念及分类. 生态学报，2009，29（3）：1519-1524.

[2] Anselin L. Spatial Econometrics：Methods and Models. Kluwer Academic Publishers，Dordrecht，The Netherlands，1988.

[3] Anselin L. Local indicators of spatial association. Geogr. Anal.，1995，27：93-115.

[4] Getis A，Ord J K. Local spatial statistics：an overview. In：Lonley，P.，Batty，M.（Eds.），Spatial Analysis：Modeling in a GIS Environment. Geoinformation International，Cambridge，UK，1996.

[5] Moran P A P. Notes on continuous stochastic phenomena. Biometrika，1950，37：17-23.

[6] Geary R. The contiguity ratio and statistical mapping. Incorporated Stat.，1954.

[7] Getis A，Ord K. The analysis of spatial association by use of distance statistics. Geogr. Anal. 1992，24；189-206.

[8] Cliff A D，Ord J K. Spatial Processes. Pion，London，UK，1981.

[9] 李小建，乔家君. 20 世纪 90 年代中国县际经济差异的空间分析. 地理学报，2001，56（2）：136-145.

[10] 王世杰，赵军. 甘肃省区域经济时空差异 GIS-ESDA 分析. 干旱区资源与环境，2009，23（8）：5-8.

[11] 蒲英霞，葛莹，马荣华，等. 基于 ESDA 的区域经济空间差异分析——以江苏省为例. 地理研究，2005，24（6）：965-974.

[12] 武剑，杨爱婷. 基于 ESDA 和 CSDA 的京津冀区域经济空间结构实证分析. 中国软科学，2010（3）：111-119.

[13] Cem Ertur Wilfried koch. Regional disparities in the European Union and the enlargement process：an exploratory spatial data analysis，1995-2000.Ann Reg Sci，2006，40：723-765.

[14] 马晓东，马荣华，徐建刚.基于 ESDA-GIS 的城镇群体空间结构.地理学报，2004，59（6）：1048-1057.

[15] 马荣华，顾朝林，蒲英霞.苏南沿江城镇扩展的空间模式及其测度.地理学报，2007，62（10）：1011-1022.

[16] 杨卫青，浦晓天.基于 ESDA 的中国省域房地产发展水平研究.现代经济，2008，7（13）：38-40.

[17] 梅志雄，黎夏.基于 ESDA 和 Kriging 方法的东莞市住宅价格空间结构.经济地理，2008，28（5）：862-866.

[18] 孟斌，张景秋，王劲峰，等.空间分析方法在房地产市场研究中的应用——以北京市为例.地理研究，2005，24（6）：956-964.

[19] 潘竟虎，石培基.甘肃省农业现代化水平区域差异的 ESDA-GIS 分析.干旱区资源与环境，2008，22（10）：15-20.

[20] 王千，门明新，许皞.基于 ESDA 与 GIS 的粮食综合生产能力空间分布研究——以河北省为例. 农机化研究，2009（9）：64-67.

[21] 谢花林. 环鄱阳湖地区农业经济空间差异分析——基于探索性空间数据分析（ESDA）方法. 农业现代化研究，2010，31（3）：299-303.

[22] 郭斌，任志远，高孟绪. 基于 ESDA—GIS 的土地集约利用空间分异研究——以陕西省为例. 测绘科学，2010，35（4）：61-64.

第7章

基于 Logistic 回归模型的区域生态用地空间演变驱动因素分析

7.1 引言

土地利用和土地覆盖变化（LUCC）研究由于其在全球气候变化、食物安全、土壤退化和生物多样性的重要作用，而受到国内外众多学者的关注（Turner，1995；李秀彬，1996；Serneels，2001；Geist，2002）。我们通常采用不同的模拟方法来研究土地利用和土地覆盖变化。其中，土地利用变化的空间显式模型是定量描述变化过程和检验我们理解这些过程的重要技术（谢花林，2008）。土地利用变化模拟的目的是预测变化的空间格局。因此，它需要解决两个问题：一是土地利用变化将在什么地方发生？二是土地覆盖变化的速率？这两个问题被称为“点”和“数”问题（Pontius，2001；Riebsame，1994）。土地利用变化的空间预测仅仅需要理解变化的可能原因。要想反映将来土地利用变化的速率是一项相当艰巨的任务，因为它需要很好地理解变化的潜在驱动力。有时从空间和时间上观测变化的驱动力是细微的，并且宏观经济变革和政策变化通常很难预料。

许多研究通过选用代表控制格局与过程相互作用的自然和人文景观变量来建立多元模型，这些研究结果较好地模拟了土地利用变化的可能格局（Chomitz，1996；Mertens，2000）。这些空间统计模型通过使用理论上驱动变化速率的外在变量来显示辨识土地覆盖变化的可能原因，大家普遍使用的多元线性回归方法就是这一目的。运用统计模型模拟土地利用变化的难点在于它不能处理土地利用变化过程中的空间变量。大多数地区在土地利用/土地覆盖类型变化的驱动力（生物、自然和社会经济）或制度（政策）上有高度的地理变异性。这种空间异质性导致土地利用变化原因和过程的变异性，这样对不同土地利用变化过程模型就有不同的参数（Mertens，1997）。这就提出了需要对空间实体或区域进行最佳定义的问题，因为需要对一个给定的土地利用变化统计模型进行检验。一方面，在大区域验证的单个模拟模型由于土地利用变化过程多样性的空间整合，可能会削弱这个模型的预测能力；另一方面，把一个区域分成许多的同质性实体，并且对不同的实体厘定不同的模型，这样却和寻求模拟行为的一般性不一致（Liverman，1998）。本研究通过对研究区分割成土地利用变化过程同质的不同区域，这一问题的解决将在本研究中得以体现。

本研究的主要目的是关注土地利用变化过程的理解程度，这可以通过土地利用变化空间关系的描述模型来获得。土地利用变化的空间统计学模型能否预测变化的空间格局呢？一些学者认为基于代表这一系统配置格局的观测能否推断系统动态过程的信息（Liverman，1998）。例如，土地利用变化某些类别倾向于分割景观（如小农场的扩展，小尺度的伐木等），另外一些土地利用变化却增加景观的同质性（如机械化耕作，大区域的农场经营等）。一些学者研究表明空间格局和农作系统的一些重要特征具有很好的相关性（Geoghegan，1998）。Geoghegan 讨论了两种模拟方法去辨识埋藏在直接与社会科学和新主体相关的空间图像信息，并且用它来获悉与这些主体相关的概念和理论。换句话说，这些大量的文献表明从土地利用变化格局中，人们能够更好地理解土地利用变化是怎样发生以及为什么是这样发生的。而这些格局可以通过遥感来观测，并且能够发现观测到的土地覆盖变化和可能原因之间的空间相关性。

本研究的目标为：一是探讨如何建立一个空间上的 Logistic 回归模型去发现京津冀地区生态用地变化不同过程的可能原因，这一模型考虑了生态用地变化过程空间变异性；二是通过 Logistic 回归的原理，探讨这样一个空间上的统计分析识别能在多大程度上理解生态用地变化的驱动力。

7.2 数据获取和研究方法

7.2.1 数据来源

本研究所使用的数据集包括空间显现的土地利用数据、自然和社会经济数据。基于图件和统计数据而创建的这些数据集主要是为了发现生态用地变化的驱动因素，而它们能较好地描述生态用地变化的过程。研究中基于数据的科学性和可获取性选取了 13 个与生态用地变化密切相关的主要因子，包括到最近农村居民点的距离、到最近国道的距离、到最近河流的距离、到最近城镇中心的距离、海拔、坡向、地貌类型、土壤表层有机质含量、湿润指数、人口密度、人均 GDP 和农业人口占总人口的百分比，这些因子所代表的自然本底条件和人文因素对区域生态用地的变化具有直接和间接的影响。本节中在因变量选择中社会经济数据仅取人口密度、人均 GDP 和农业人口占总人口的百分比三个指标，主要是考虑本文研究对象社会经济数据的尺度效应以及资料的可获取性。

为了构建模拟模型，首先对原始数据进行了计算和分析，利用 DEM 数据进行计算提取了坡度因子；根据气象站点的多年平均降雨量数据，在 ArcGIS 空间分析模块下采用 Kriging 插值方法获得降水量的空间 GRID 数据，然后利用研究区边界裁切获取了关中地区的年平均降雨量的空间分布栅格数据（表 7-1）。

表 7-1　GIS 数据库

变量	类型	单位
因变量		
林地的变化（20 世纪 80 年代至 2000 年）	二分类	0-1
林地的变化（2000—2005 年）	二分类	0-1
草地的变化（20 世纪 80 年代至 2000 年）	二分类	0-1
草地的变化（2000—2005 年）	二分类	0-1
湿地的变化（20 世纪 80 年代至 2000 年）	二分类	0-1
湿地的变化（2000—2005 年）	二分类	0-1
自变量		
到最近农村居民点的距离	连续型	km
到最近国道的距离	连续型	km
到最近河流的距离	连续型	km
到最近城镇中心的距离	连续型	km
海拔	连续型	m
坡度	多分类	1～4
坡向	多分类	1～5
地貌类型	多分类	1～3
土壤表层有机质含量	连续型	%
湿润指数	连续型	
人口密度	连续型	人/km^2
人均 GDP	连续型	万元/人
农业人口占总人口的百分比	连续型	%

中国科学院“八五”重大应用项目《国家资源环境遥感宏观调查与动态研究》利用 20 世纪 80 年代和 2000 年的陆地卫星-TM 的数字图像作为原始数据源，对全国的土地利用情况进行了解译，形成了两期土地利用专题图。本研究中 80 年代和 2000 年的生态用地的空间数据来自于两期土地利用专题图。2005 年的生态用地空间数据来自河北师范大学资源与环境学院遥感解译的土地利用类型图。

交通分布图、河流分布图和农村居民点分布图通过 1∶25 万地形图和土地利用现状图获取，并且通过最近的卫星影像更新数据。人口密度分布图、人均 GDP 分布图、农业从业人员占农村人口百分比分布图均来自于 20 世纪 80 年代、2000 年和 2005 年京津冀地区县域的人口统计资料。土壤表层有机质含量分布图来自河北师范大学资源与环境学院提供的 1∶10 万土壤养分分布图。

最后为了便于数据在模型中的运算，所有的数据都采用 GIS 的栅格数据类型，并且在 1km×1km 的分辨率上进行重采样，都配准到 Krasovsky_1940_Albers 坐标系统。这一分辨率能大部分反映因变量的本质。虽然在更粗的分辨率上也许更适合自变量的特征，但这可能会改变细尺度上模拟生态用地变化的空间格局。

7.2.2 因变量

20 年的大部分变化是生态用地的减少。生态用地变化三种过程很明显：①林地面积的增加；②草地面积的起伏变化；③湿地面积的减少。它们的空间分布模拟分为两个阶段：20 世纪 80 年代至 2000 年和 2000—2005 年。

7.2.3 自变量

到最近农村居民点的距离、到最近道路的距离、到最近河流的距离、到最近城镇中心的距离等自变量，是利用 ArcGIS9.2 的空间分析模块计算到相关数据要素的直线距离得到的。坡度和坡向等自变量是利用 ArcGIS9.2 的空间分析模块，从 1∶25 万的 DEM 中派生出来的，并进行了重分类。其中坡度分为四类：<5°、5°～15°、15°～25°以及>25°，分别赋予 1～4 值。坡向分为五类：平坡、北坡、东坡、南坡和西坡，分别赋予 1～5 值。

湿润指数反映了一个区域热量和水分之间的相互作用关系，湿润指数的倒数为干燥度。干燥度的计算公式为：

$$K = \frac{0.16\sum t}{r} \tag{7-1}$$

式中，K 为干燥度；$\sum t$ 为日平均气温≥10℃时期的稳定积温；r 为同时期的降雨量；0.16 为系数。

7.2.4 多元 Logistic 回归模型

本研究运用的方法是多元 Logistic 回归。线性回归模型在定量分析的实际研究中也许是最流行的统计分析方法了，然而在许多情况下，线性回归会受到限制，特别当因变量是一个分类变量而不是一个连续变量时，线性回归就不适用，Logistic 回归模型能很好地解决这一问题（王济川，2001）。多元 Logistic 回归技术方法基于数据的抽样能为每个自变量产生回归系数。这些系数通过一定的权重运算法则被解释为生成特定土地利用类别的变化概率。多元 Logistic 回归已经被成功地运用到野生动植物栖息地研究（Pereira，1991；Narumalani，1997），森林火的预测（Vega Garcia，1995）以及森林采伐分析（Stokes，1995）等方面。

多元 Logistic 回归能确定解释变量 x_n 在预测分类应变量 y 发生概率的作用和强度。假定 x 是反应变量，p 是模型的响应概率，相应的回归模型如下：

$$\ln(\frac{p_i}{1-p_i})=\alpha+\sum_{k=1}^{k}\beta_k x_{ki} \tag{7-2}$$

式中，$p_i = P(y_i = 1|x_{1i}, x_{2i}, \cdots, x_{ki})$ 为在给定系列自变量 $x_{1i}, x_{2i}, \cdots, x_{ki}$ 的值时事件的发生概率，α为截距，β为斜率。

发生事件的概率是一个由解释变量 x_i 构成的非线性函数，表达式如下：

$$p=\frac{\exp(\alpha+\beta_1 x_1+\beta_2 x_2+\cdots+\beta_n x_n}{1+\exp(\alpha+\beta_1 x_1+\beta_2 x_2+\cdots+\beta_n x_n)} \tag{7-3}$$

发生比率（odds ratio）用来对各种自变量（如连续变量、二分变量、分类变量）的 Logistic 回归系数进行解释（Pereira，1991）。在 Logistic 回归中应用发生比率来理解自变量对事件概率的作用是最好的方法，因为发生比率在测量关联时具有一些很好的性质（Feiberg，1980）。发生比率用参数估计值的指数来计算（Hosmer，1989）：

$$\text{odd}(p)=\exp(\alpha+\beta_1 x_1+\beta_2 x_2+\cdots+\beta_n x_n) \tag{7-4}$$

本研究中，多元 Logistic 回归是用 SAS 统计软件的 Logistic 函数来操作完成的。Logistic 回归模型预测能力通过得到最大似然估计的表格来评价，它包括回归系数、回归系数估计的标准差、回归系数估计的 Wald χ^2 统计量和回归系数估计的显著性水平。正的回归系数值表示解释变量每增加一个单位值时发生比会相应增加。相反，当回归系数为负值时说明增加一个单位值时发生比会相应减少。Wald χ^2 统计量表示在模型中每个解释变量的相对权重，用来评价每个解释变量对事件预测的贡献力。

模型估计完成以后，我们需要评价模型如何有效地描述反应变量及模型配准观测数据的程度。用来进行拟合优度的检验的指标有皮尔逊 χ^2、偏差 D 和 Homsmer-Lemeshow（HL）指标等。当自变量数量增加时，尤其是连续自变量纳入模型之后，皮尔逊 χ^2、偏差 D 不再适用于估价拟合优度。在应用包括连续自变量的 Logistic 回归模型时，HL 是广为接受的拟合优度指标。因此，本节用 HL 指标来进行土地利用变化的 Logistic 回归模型拟合优度检验。当 HL 指标统计显著表示模型拟合不好。相反，当 HL 指标统计不显著表示模型拟合好。HL 指标是一种类似于皮尔逊 χ^2 统计量的指标，其公式如下：

$$\mathrm{HL}=\sum_{g=1}^{G}\frac{(y_g-n_g\hat{p}_g)}{n_g\hat{p}_g(1-\hat{p}_g)} \tag{7-5}$$

式中，G 代表分组数，且 $G\leqslant 10$；n_g 为第 g 组中的案例数；y_g 为第 g 组事件的观测数量；$\hat{p}_g$ 为第 g 组的预测事件概率；$n_g\hat{p}_g$ 为事件的预测数。

为了拟合模型，本研究选用了逐步模型选择法和概念模型法相结合的方法。在统计模型中，我们先选用概念模型中的解释变量，然后用逐步回归法选用主要的解释变量，最后基于饱和模型分析哪些变量对解释土地利用变化有明显贡献。

7.2.5 抽样过程

为了使用 Logistic 回归模型，本节选用了分层随机抽样方法选择了均匀分布整个研究区的 n 个观测点。选择对观测点进行随机抽样是为了避免数据的空间自相关性。对于每一个抽样观测点，记录其因变量和一系列的自变量值。对于每个模型，随机抽样了 5000 个观测点，确保因变量的 0 和 1 观测值有相等的数量。不相等的抽样比例不会影响解释变量在 Logistic 回归模型中的系数估计，但是会影响模型的常数项（王济川，2001）。当用模型来模拟时，常数项通过（$\ln p_1-\ln p_2$），其中 p_1 和 p_2 分别是因变量 0 和 1 的观测频数（Maddala，1988）。

7.3 结果分析

7.3.1 初步统计诊断

各自变量之间共线性关系很小，即相关程度小。决定自变量相对其他自变量的决定系数 R^2 在 0.03～0.58 之间，均低于临界值 0.8（Menard，1995）。这样所有的自变量都可以被纳入 Logistic 回归模型中。

7.3.2 林地变化的 Logistic 回归模型

在林地变化空间模型中，坡度用 3 个虚拟变量分别代表坡度级Ⅰ（＜5°）、坡度级Ⅱ（5°～15°）和坡度级Ⅲ（15°～25°），坡度级Ⅳ（＞25°）作为它们的参照对象。坡向用 4 个虚拟变量分别代表平坡、北坡、东坡和南坡，西坡作为它们的参照对象。

在第一阶段（20 世纪 80 年代至 2000 年）和第二阶段（2000—2005 年），林地变化的 Logistic 回归模型都有很好的拟合度，HL 指标分别为 9.943 和 5.728，p 值分别为 0.269 和 0.678，统计检验都不显著，即两个模型很好地拟合了数据（表 7-2）。根据 Wald χ^2 统计量，第一阶段（20 世纪 80 年代至 2000 年）林地变化较为重要的解释变量是土壤表层有机质含量、坡度级 I、到最近农村居民点的距离、到最近国道的距离和人均 GDP。而在第二阶段（2000—2005 年）林地变化较为重要的解释变量是土壤表层有机质含量、坡度级 I、地貌类型和农业人口占总人口的百分比。这表明不同时期林地空间变化主要驱动因素相同，但有所差别。

在第一阶段（20 世纪 80 年代至 2000 年）和第二阶段（2000—2005 年），最重要的解释变量都为土壤表层有机质含量和坡度级 I。模型中土壤表层有机质含量这一解释变量为负的回归系数，表明林地转变为其他土地利用类型的概率随着到土壤表层有机质含量的减小而增大。对于土壤表层有机质含量每减小 1 个百分点，林地转化为其他土地利用类型的概率将增大 0.88 倍（表 7-2）。在第一阶段（20 世纪 80 年代至 2000 年）和第二阶段（2000—2005 年）坡度级别Ⅰ（＜5°）这一解释变量的发生比率分别为 2.391 和 3.713，表明在两个阶段坡度级Ⅰ（＜5°）中林地变化的概率是在参照坡度级别Ⅳ（＞25°）的 2.4 倍和 3.7 倍，即砍伐森林的发生在坡度较平的地区最有可能发生，这可能是在坡度较缓的地方，砍伐森林的越容易，成本越低。

在第一阶段（20 世纪 80 年代至 2000 年），较为重要的解释变量为到最近农村居民点的距离和到最近国道的距离，并且转化概率随着到最近农村居民点和国道距离的增加而增加，这表明林地变化更有可能出现在离农村居民点和国道较远的地方发生。

与第一阶段不同的是，在第二阶段（2000—2005 年）较为重要的解释变量是地貌类型Ⅱ（丘陵）和农业人口占总人口的百分比。该模型中地貌类型Ⅱ（丘陵）这一解释变量的发生比率是 3.053，表明在地貌类型Ⅱ（丘陵）中林地转为其他用地类型的发生概率是地貌类型Ⅲ（山地）的 3 倍。对于农业人口占总人口的比例每增加 1 个百分点，林地转化为其他土地利用类型的概率将增大 7.4 倍（表 7-2）。这主要是因为农业人口占总人口的比例越大，当地从事农业生产活动的人越多，农民砍伐森林的行为越容易发生。

表 7-2 林地变化

变量	参数估计(β)	标准误差（SE）	Wald χ^2 统计量	Pr＞χ^2	EXP（β）
（a）20 世纪 80 年代至 2000 年之间，HL=9.943，p=0.269					
常数	1.681	0.108	243.005	0.000	5.368
到最近农村居民点的距离	0.000	0.000	75.178	0.000	1
到最近国道的距离	0.000	0.000	54.008	0.000	1
到最近河流的距离	0.000	0.000	38.758	0.000	1
到最近城镇中心的距离	0.000	0.000	38.151	0.000	1
海拔	0.000	0.000	32.135	0.000	1
坡度级 I（＜5°）	0.872	0.097	80.795	0.000	2.391
坡度级 II（5°～15°）	0.356	0.078	20.717	0.000	1.428
坡度级 III（15°～25°）	0.32	0.081	0.157	0.000	1.033
坡向 I（平坡）	–0.030	0.850	0.001	0.971	0.970
坡向 II（北坡）	–0.160	0.064	6.193	0.013	0.852
坡向 I（东坡）	0.033	0.060	0.315	0.050	1.034
坡向 II（南坡）	0.196	0.059	11.148	0.001	1.217
土壤表层有机质含量	–0.119	0.011	119.750	0.000	0.888
人均 GDP	0.000	0.000	37.124	0.000	1
（b）2000 年至 2005 年之间，HL=5.728，p=0.678					
常数	–2.301	0.268	73.922	0.000	0.1
到最近农村居民点的距离	0.000	0.000	11.721	0.001	1
到最近河流的距离	0.000	0.000	6.537	0.01	1
海拔	0.000	0.000	20.255	0.000	1
地貌类型 I（平原）	1.242	0.19	42.864	0.000	3.462
地貌类型 II（丘陵）	1.116	0.111	101.905	0.000	3.053
坡度级 I（＜5°）	1.312	0.103	162.118	0.000	3.713
坡度级 II（5°～15°）	0.64	0.089	51.995	0.000	1.897
坡度级 III（15°～25°）	0.274	0.092	8.796	0.003	1.316
土壤表层有机质含量	–0.150	0.012	156.776	0.000	0.861
湿润指数	0.290	0.136	4.542	0.033	1.336
人口密度	0.000	0.000	10.737	0.001	1
人均 GDP	0.000	0.000	24.209	0.000	1
农业人口占总人口的百分比	2.001	0.229	76.271	0.000	7.399

7.3.3 草地变化的 Logistic 回归模型

在草地变化空间模型中，地貌类型用 2 个虚拟变量分别代表平原和丘陵，山地作为它们的参照对象。坡度用 3 个虚拟变量分别代表坡度级Ⅰ（＜5°）、坡度级Ⅱ（5～15°）和坡度级Ⅲ（15～25°），坡度级Ⅳ（＞25°）作为它们的参照对象。

在第一阶段（20 世纪 80 年代至 2000 年）和第二阶段（2000—2005 年），草地变化的 Logistic 回归模型都有较好的拟合度，HL 指标分别为 9.462 和 14.319，p 值分别为 0.305 和 0.074，统计检验都不显著，即两个模型较好地拟合了数据（表 7-3）。根据 Wald χ^2 统计量，第一阶段（20 世纪 80 年代至 2000 年）草地变化较为重要的解释变量是土壤表层有机质含量、到最近农村居民点的距离、地貌类型Ⅰ（平原）、坡度级Ⅰ和坡度级Ⅱ。而在第二阶段（2000—2005 年）草地变化较为重要的解释变量是人均 GDP、海拔和人口密度。这表明两个时期草地空间变化主要驱动因素不同。

在第一阶段（20 世纪 80 年代至 2000 年），草地变化最重要的解释变量为土壤表层有机质含量。模型中土壤表层有机质含量这一解释变量为正的回归系数，表明草地变化的概率随着到土壤表层有机质含量的增加而增大。对于土壤表层有机质含量每增加 1 个百分点，草地变化的概率将增大 1 倍（表 7-3），这主要是因为这一阶段大部分较肥沃的荒草地被开发成耕地。

表 7-3 草地变化

变量	参数估计(β)	标准误差（SE）	Wald χ^2 统计量	Pr＞χ^2	EXP（β）
（a）20 世纪 80 年代至 2000 年之间，HL=9.462，p=0.305					
常数	−0.231	0.129	3.221	0.073	0.794
到最近农村居民点的距离	0.000	0.000	45.436	0.000	1
到最近城镇中心的距离	0.000	0.000	6.751	0.009	1
地貌类型Ⅰ（平原）	1.449	0.248	33.992	0.000	4.257
地貌类型Ⅱ（丘陵）	0.314	0.096	10.827	0.001	1.370
坡度级Ⅰ（＜5°）	−0.557	0.112	24.575	0.000	0.573
坡度级Ⅱ（5°～15°）	−0.521	0.106	24.015	0.000	0.594
坡度级Ⅲ（15°～25°）	−0.273	0.112	5.892	0.015	0.761
土壤表层有机质含量	0.087	0.013	47.856	0.000	1.090
人口密度	0.000	0.000	11.529	0.001	1
人均 GDP	0.000	0.000	18.220	0.000	1

变量	参数估计（β）	标准误差（SE）	Wald χ^2 统计量	Pr＞χ^2	EXP（β）
（b）2000 年至 2005 年之间，HL=12.635，p=0.125					
常数	0.424	0.135	9.894	0.002	1.528
到最近城镇中心的距离	0.000	0.000	15.850	0.000	1
海拔	0.000	0.000	48.892	0.000	1
地貌类型 I（平原）	1.742	0.435	16.051	0.000	5.709
地貌类型 II（丘陵）	0.101	0.097	1.091	0.296	1.107
坡度级 I（＜5°）	–0.409	0.119	11.711	0.001	0.664
坡度级 II（5°～15°）	–0.433	0.116	13.987	0.000	0.648
坡度级 III（15°～25°）	–0.225	0.122	3.378	0.066	0.799
土壤表层有机质含量	0.067	0.013	25.452	0.000	1.069
人均 GDP	0.000	0.000	73.690	0.000	1

在第一阶段（20 世纪 80 年代至 2000 年），草地变化第二重要的解释变量为到最近农村居民点的距离，并且转化概率随着到最近农村居民点距离的增加而增加，对于离农村最近农村居民点每增加 1km，草地转变为其他土地利用类型的概率将增大 1 倍（1km 的发生率是 $e^{-0\times1}$=1；见表 7-3）。这表明这一时期草地变化更有可能出现在离农村居民点较远的地方发生。

与第一阶段不同的是，在第二阶段（2000—2005 年）最为重要的解释变量是人均 GDP。模型中人均 GDP 这一解释变量为正的回归系数，表明草地变化的概率随着到人均 GDP 的增加而增大。对于人均 GDP 每增加 1 万元，草地变化的概率将增大 1 倍（表 7-3），这主要是因为人均 GDP 越大的地区，经济建设占用的耕地越多，需要更多的荒草地开发成耕地，用于耕地占补平衡。在第二阶段（2000—2005 年）草地变化第二位重要的解释变量是海拔，对于海拔每增加 1m，草地变化的概率将增大 1 倍（表 7-3）。

7.3.4 湿地变化的 Logistic 回归模型

在湿地变化的空间回归模型中，在第一阶段（20 世纪 80 年代至 1995 年）和第二阶段（1995—2000 年），坡向和坡度两个分类变量在逐步回归法中统计不显著，被排除在模型之外。地貌类型用 2 个虚拟变量分别代表丘陵和山地，平原作为它们的参照对象。

在第一阶段（20 世纪 80 年代至 2000 年）和第二阶段（2000—2005 年），湿地转化为其他土地利用类型的 Logistic 回归模型都有一定的拟合度，HL 指标分别为 14.319 和 15.397，p 值分别为 0.074 和 0.052，统计检验都不太显著，即两个模型勉强地拟合了数据（表 7-4）。根据 Wald χ^2 统计量，第一阶段（20 世纪 80 年代至2000年）湿地变化回归模型中解释变量的贡献率依次为地貌类型、农业人口占总人口的百分比和海拔。而在第二阶段（2000—2005年）湿地变化回归模型中解释变量的贡献率依次为人均GDP、农业人口占总人口的百分比和到最近农村居民点的距离。

在第一阶段（20世纪80年代至2000年），最重要的解释变量为到地貌类型，该模型中地貌类型III（山地）这一解释变量的发生比率是2.461，表明在地貌类型III（山地）中湿地转为其他用地类型的发生概率是地貌类型I（平原）的2.5倍。在第一阶段（20世纪80年代至2000年），另外一个较为重要的解释变量是农业人口占总人口的百分比，模型中该解释变量负的回归系数，这表明湿地转变为其他土地利用类型的概率随着到农业人口占总人口的百分比的减少而增加。对于农业人口占总人口的比例每增加1个百分点，湿地为其他土地利用类型转变的概率将增大0.4倍（表7-4）。这主要是因为农业人口占总人口的比例在增加，即城镇化水平增加，带来对湿地的侵占。

表7-4　湿地变化：（a）20世纪80年代至2000年，p=0.074；（b）2000—2005年，p=0.052

变量	参数估计(β)	标准误差（SE）	Wald χ^2统计量	Pr＞χ^2	EXP（β）
（a）20世纪80年代至2000年之间，HL=14.319，p=0.074					
常数	−0.345	0.084	16.815	0.000	0.708
到最近国道的距离	0.000	0.000	7.687	0.006	1
到最近城镇中心的距离	0.000	0.000	19.473	0.000	1
海拔	0.001	0.000	41.751	0.000	1.001
地貌类型II（丘陵）	0.443	0.070	39.800	0.000	1.557
地貌类型III（山地）	0.900	0.103	75.989	0.000	2.461
农业人口占总人口的百分比	−0.837	0.117	51.371	0.000	0.433
（b）2000年至2005年之间，HL=15.397，p=0.052					
常数	1.825	0.190	91.800	0.000	6.201
到最近农村居民点的距离	0.000	0.000	76.745	0.000	1
到最近国道的距离	0.000	0.000	12.117	0.000	1
海拔	0.000	0.000	5.842	0.016	1
地貌类型II（丘陵）	−0.052	0.069	0.580	0.446	0.949
地貌类型III（山地）	0.591	0.123	22.956	0.000	1.806
人均GDP	0.000	0.000	92.974	0.000	1
农业人口占总人口的百分比	−0.616	0.194	69.106	0.000	0.199

在第二阶段（2000—2005 年），最重要的解释变量为到人均 GDP，模型中该解释变量正的回归系数，这表明湿地转变为其他土地利用类型的概率随着到人均 GDP 的增加而增加。对于人均 GDP 每增加 1 万元，湿地为其他土地利用类型转变的概率将增大 1 倍（见表 7-4）。同时在第二阶段（2000—2005 年），另外一个较为重要的解释变量也是农业人口占总人口的百分比，模型中该解释变量也是负的回归系数，这表明湿地转变为其他土地利用类型的概率随着到农业人口占总人口的百分比的减少而增加。由湿地变化回归模型的两个重要解释变量人均 GDP 和农业人口占总人口的百分比，可以看出，在第二阶段（2000—2005 年）湿地的变化主要出现在经济发达，城镇化水平高的地区。主要是因为这些地区由于经济发达，城镇化水平较高带来的建设用地需求的增加，使得更多的湿地转变成了建设用地。

7.4 结论与讨论

（1）土地覆盖变化是一系列土地利用变化过程的结果。本章通过建立不同阶段土地利用变化的 Logistic 回归模型，很好地揭示了不同阶段土地覆盖变化的驱动因素。研究区各生态用地类型的变化各个阶段有着不同的重要驱动因素。对于草地变化而言，第一阶段（20 世纪 80 年代至 2000 年）主要的驱动因素是土壤表层有机质含量，而在第二阶段（2000—2005 年）主要的驱动因素是到最近国道的距离。对于湿地变化而言，在第一阶段（20 世纪 80 年代至 2000 年）主要的驱动因素是地貌类型，而在第二阶段主要的驱动因素是人均 GDP。本研究中对于草地变化的空间模型中未考虑牲畜压力对草地变化的影响，而这个变量在实际当中是很重要的因素。

（2）通过对研究区生态用地类型的变化 Logistic 回归分析表明，空间异质性和土地利用变化过程的时间变量共同影响使用 Logistic 回归模型来进行推断的能力。

（3）本研究中因变量选择中社会经济数据仅取人口密度、人均 GDP 和农业人口占总人口的百分比进行分析显得不足，其实 LUCC 与人口、技术、富裕程度、政治结构和价值与观念直接相关，因此，从这方面选取一些可以量化的指标应是下一步研究的重点内容。

（4）本研究建立的空间模型尽管能够预测在不久的将来生态用地转换在什么地方发生，能够揭示导致这些变化的一些驱动因素，但还是不能预测生态用地转换什么时候能发生。因此，为了提高生态用地变化的预测概率，我们需要建立考虑驱动力的动态模型。这些驱动力应包括新政策的制定、农产品的价格变化等动态变化因素，这样代表变化可能性原因的驱动力（如到市场的交通费用）在空间模型中就可以显现。例如，修建一条新的道路可能带来的影响就可以在与土地覆盖变化预测概率相关联的地图中显示出来。

（5）生态用地空间变化研究是一个复杂的系统工程，本章只是利用 Logistic 回归模型的原理探讨变化的可能驱动因素，其理论和实践还有待进一步深入研究。

参考文献

[1] Turner II，B L，Skole，D.，Sanderson，S.，et al. Land Use and Land-Cover Change Sciencie/Research Plan，IGPB Report No. 35 and HDP Report，1995，No. 7，132.

[2] Geist，H.J. and Lambin，E.F. Proximate causes and underlying driving forces of tropical deforestation. BioScience，2002，52（2）：143-150.

[3] Serneels S，Lambin E F. Proximate causes of land-use changes in Narok district，Kenya：a spatial statistical model. Agriculture，ecosystem and environment，2001，85：65-81.

[4] 李秀彬. 全球环境变化研究的核心领域：土地利用/土地覆盖变化的国际研究动向. 地理学报，1996，51（5）：553-558.

[5] 谢花林. 典型农牧交错区土地利用变化驱动力分析. 农业工程学报，2008，24（10）：56-62.

[6] Chomitz K M，Gray D A. Roads，land use，and deforestation：a spatial model applied to Belize. World Bank Econ. Rev，1996，10：487-512.

[7] Liverman D，Moran E F，Rindfuss R R，et al. People and Pixels：Linking Remote Sensing and Social Science. National Academy Press，Washington，DC. 1998.

[8] 王济川，郭志刚. Logistic 回归模型——方法与应用. 北京：高等教育出版社，2001.

[9] Pontius Jr R G，Schneider L C. Land-use change model validation by a ROC（relative operating characteristic）method. Agric. Ecosyst. Environ，2001，85：239-248.

[10] Riebsame W E，Meyer W B，Turner II B L . Modelling land use and cover as part of global environmental change. Clim. Change，1994，28：45-64.

[11] Mertens B，Lambin E F. A spatial model of land-cover change trajectories in a frontier region in southern Cameroon.Ann. Assoc. Am. Geogr，2000，90：467-494.

[12] Mertens B，Lambin E F. Spatial modelling of deforestation in southern Cameroon：spatial isaggregation of diverse deforestation processes. Appl. Geogr，1997，17：143-162.

[13] Gilruth P T，Hutchinson C F. Assessing deforestation in the Guinea Highlands of West Africa using remote sensing. Photogramm. Eng. Remote Sens.，1990，56：1375-1382.

[14] Geoghegan J，Pritchard L，Ogneva-Himmelberger，Y.，Chowdhury，R.R.，Sanderson，

S.，Turner II，B.L. “Socializing the pixel” and “pixelizing the social” in land-use and land-cover change. In：Liverman，D.，Moran，E.F.，Rindfuss，R.R.，Stern，P.C.（Eds.），People and Pixels：Linking Remote Sensing and Social Science. National Academy Press，Washington，DC，1998，pp. 51-69.

[15] Pereira J M C，Itami R M. GIS-based habitat modeling using Logistic multiple regression：a study of the Mt. Graham red squirrel. Photogramm. Eng. Remote Sens.，1991，57：1475-1486.

[16] Narumalani S，Jensen J R，Althausen J D，Burkhalter S，Mackey Jr H E. Aquatic macrophyte modelling using GIS and multiple Logistic regression. Photogramm. Eng. Remote Sens，1997，63：41-49.

[17] Vega Garcia C，Woodard P M，Titus S J，Adamowicz W L，Lee B S. A logit model for predicting the daily occurrence of human caused forest fires. Int. J. Wildl. Fire，1995，5：101-111.

[18] Stokes M A，Davis C S，Koch G G. Categorical Data Analysis Using the SAS System. SAS Institute，Inc.，Cary，NC，1995.

[19] Feiberg Stephen. The analysis of CrossclAssfied Categorical Data (2nd ed.). Cambridge，MA：MIT Press，1980.

[20] Hosmer D W，Lemeshow S. Applied Regression Analysis. Wiley，New York，1989.

[21] Maddala G S. Introduction to Econometrics. Macmillan，New York，1988.

[22] Menard，S. Applied Logistic Regression Analysis. Quantitative Applications in the Social Sciences，No. 106. Sage，London，1995.

第8章

基于GIS的区域关键性生态用地空间结构识别分析

8.1 引言

土地利用是人类为了满足自身的需求而对土地进行调控的措施，土地利用对环境和生态的作用在全球环境变化研究领域越来越受到高度重视(李秀彬,1996)。在土地利用管理中，由于受到国家“一要吃饭，二要建设，兼顾生态”政策的影响，我国土地利用长期以来突出强调食物生产属性和人类空间利用属性的价值取向,而对于土地支撑自然生态系统和维持人工生态系统的重要基础作用重视不足,这突出体现在目前试行的土地分类系统中没有生态用地这一类别。目前，我国正处于加速城镇化的阶段，城镇扩张不可避免地将大量的森林、湿地等发挥着重要生态服务功能的生态用地转化为城镇建设用地，对区域乃至全球的生态系统造成较大的影响。同时在建设用地需求日益增加的背景下，为满足耕地“占一补一”政策的要求，沿海滩涂湿地以及其他生态用地（尤以湖泊等湿地以及草原）正面临农业开发的威胁。生态用地的过度开发将导致生物多样性丧失、生态退化、生态调节能力下降等灾难性后果（苏伟忠，2007）。区域关键性生态用地是指在区域一定的生态空间供给下，为保障区域洪水防护和水资源保护安全、生物多样性保护安全、地质灾害防护安全、游憩安全，维护区域景观格局完整性和连续性所需的关键性用地空间。它承担着维护生命土地的安全和健康的关键使命，并为社会提供持续不断的生态空间服务，是区域土地生态系统能持续地提供自然空间服务的基本保障。因此，如何划分出区域的生态用地，特别是维护区域生态安全的关键性生态用地的识别，并对其进行保护变得尤为重要。

目前，关于生态用地的研究主要集中在生态用地的内涵、分类、演变机制等方面，如张红旗、邓小文和岳健对生态用地的内涵和分类进行了探讨（张红旗，2004；岳健，2003；邓小文，2005；王振健，2006）；苏伟忠等研究了长江三角洲生态用地破碎度及演化机制，并定量分析生态用地破碎与坡度、水面和人为干扰与补偿的关系（苏伟忠，2007）。张林波等将景观生态概念模型与生态系统服务功能价值评估方法结合起来，在 GIS 技术的支持下，构建了城市最小生态用地空间分析模型（张林波，2008）。此外，还有学者（张颖，2007；俞孔坚，2009）应用碳氧平衡法和景观安全格局测算生态用地需求量，但是对于维护区域生态安全基本保障的关键性生态用地识别研究较少。区域关键性生态用地空间结构识别，就是要根据土地生态适宜性、土地自然生态系统服务功能与自然地貌的连续性，统筹考虑现有土地利用/土地覆被现状与生态保护需求，科学界定保障区域综合水安全的关键生态用地、保障生物多样性安全的关键生态用地、灾害防护关键生态用地和保障游憩安全的关键生态用地等不同类型自然生态服务的地域和范围，促进形成景观格局完整性和连续性的安全格局。本章试图以京津冀地区为例，基于 GIS 技术提出一套切实可行的关键性生态用地识别方法，为区域生态系统的有效管理和基本的国土生态屏障建立提供理论依据和参考方法。

8.2 识别方法和数据处理

8.2.1 数据来源

本研究主要借助遥感解译和 GIS 的空间分析技术，具体的软件平台为 ArcGIS 9.2 和 Erdas 9.1。评价技术路线为：首先，构建维护区域水过程、生物多样性、灾害和游憩 4 类安全的生态用地指数；其次，对各指数进行计算，并分级赋值，完成单因子生态用地重要性的识别；最后，对各单因子生态重要性指数进行叠加，完成综合生态用地空间结构的识别。主要数据源包括，河北师范大学资源与环境科学学院遥感解译的 1∶10 万 2005 年京津冀地区土地利用现状图、京津冀地区的 100m×100m DEM，京津冀地区的多年气象数据，京津冀地区土壤类型图、京津冀地区饮用水源保护区区划图，京津冀地区的滑坡、泥石流敏感性评价资料，京津冀地区的自然保护区、森林公园、地质公园和风景名胜区等空间分布图，京津冀地区的基础地理信息数据等。

8.2.2 识别指标选取及其生态重要性评价

（1）水安全保障用地指数 EL_1

本研究选取了河湖缓冲区距离、洪水调蓄区类型、水源涵养重要性和水源保护区类型三项指标进行评判。其中，河湖湿地缓冲区距离指标是根据河湖湿地分布图，利用 ArcGIS 9.2 软件的直线距离获取；洪水调蓄区类型指标是根据研究区的蓄滞洪区分布结合土地利用类型获取；水源保护区类型指标是利用研究区的水源保护区区划图数字化获取。水源涵养重要性指标是根据研究区的 DEM 数据，利用 ArcGIS 9.2 软件中的空间分析模块划分出山地、丘陵和平原等地貌类型，然后和生态系统类型叠加，按表 8-1 来获取。

表 8-1 水源涵养重要性指标分级

流域级别	生态系统类型	重要性
山地	森林、湿地/草原草甸/荒漠	高/较高/中等
丘陵	森林、湿地/草原草甸/荒漠	较高/中等/较低
平原	森林、湿地/草原草甸/荒漠	中等/较低/低

根据相关的文献和已有的研究成果（俞孔坚，2009；颜磊，2009），划分对距河湖湿地距离 S_1、洪水调蓄区类型 S_2、水源涵养重要性 S_3 和水源保护区类型 $S_4$4 个指标的分级标准，并进行分级赋值，见表 8-2。由于这三个指标分别代表维护区域水资源安全的三个方面，因此采取析取运算，计算每一个栅格上的水资源安全用地指数 EL_1，计算式如下：

$$EL_1=\mathrm{Max}（S_1，S_2，S_3，S_4）\qquad（8\text{-}1）$$

式中，EL_1 为水安全保障用地指数，S_1 为河湖缓冲区距离，S_2 为洪水调蓄区类型，S_3 为水源涵养重要性，S_4 为水源保护区类型。

表 8-2 水资源安全指数评价因子及其分级标准

生态用地类型	因子	基本生态元素对构成 CEL 的贡献分级			
		极重要	中等重要	一般重要	不重要
水安全保障用地	河湖缓冲区距离	＜50m	50～100m	100～150m	＞150m
	洪水调蓄区类型	湿地	蓄滞洪区核心区	蓄滞洪区非核心区	其他地区
	水源涵养重要性	高	较高	中等	低、较低
	水源保护区类型	一级水源保护区	二级水源保护区	准级水源保护区	无
分级赋值		7	5	3	1

根据式（8-1）的分级标准，利用 ArcGIS 9.2 软件中的空间分析功能，计算每一个空间单元上的水安全保障用地指数，最后根据表 8-2，得出维护水资源安全的生态用地重要性的空间分布等级图。

（2）生物多样性保护用地指数 EL_2

生物多样性保护生态用地是指从区域和景观层次上识别生物多样性保护的关键过程和空间格局，形成城乡连续的乡土生境和生物廊道系统，从而保护区域生物栖息地和生态系统的完整性和健康性的生态空间。本研究采用生境敏感性指数 S_5 指标进行评判。一般而言，生态系统生物多样性服务功能高的地方都能为濒危物种提供良好生境。根据区域的土地利用类型和谢高地等（谢高地，2003）制定的生物多样性服务当量，其中，园地的生物多样性当量因子取森林和草地的平均值，计算出林地、园地、耕地、湿地等生物多样性服务价值，然后根据保护级别予以修正。生境敏感性指数 S_5 计算式如下：

$$S_5=l\times n\times m \qquad (8\text{-}2)$$

式中，S_5 为生境敏感性指数；l 为土地利用；n 为生物多样性服务当量；m 为保护级别修正值，其中自然保护区赋值为 1.75，公园为 1.5，风景旅游区 1.25，其他地方为 1。

根据式（8-2），利用 ArcGIS 9.2 软件中的空间分析模块，计算每一个空间单元上的生境敏感性指数，采用标准差（1Std Dev）分类法，将生镜敏感性分为五级（极敏感、高度敏感、中度敏感、轻度敏感和不敏感），最后根据表 8-3 中的分级标准得到生物多样性保护用地重要性的空间分布等级图。

表 8-3　生物多样保护指数评价因子及分级标准

生态用地类型	因子	基本生态元素对构成 CEL 的贡献分级			
		极重要	中等重要	一般重要	不重要
生物多样性保护用地	生境敏感性指数	极敏感	高度敏感	中度敏感	轻度敏感、不敏感
分级标准		7	5	3	1

（3）灾害规避与防护用地指数 EL_3

灾害规避与防护用地指数，本研究中采用地质灾害危险区类型 S_6、土壤保持重要性 S_7 和土地沙化防护重要性 S_8 三项指标进行评判。地质灾害危险区类型，主要考虑研究区的滑坡、泥石流等地质灾害，利用研究区的地质灾害危险性评价资料获取。

土壤保持重要性和土地沙化防护指标是将土壤侵蚀、土地沙化敏感性评价结果和生态系统类型空间分布图叠加，按表 8-4 的分级标准来获取。其中土壤侵蚀敏感性评价，本研究依据水土流失通用方程（USLE），并参考原国家环保总局发布的《生态功能区划技术暂行规程》（2002，7），选择了降雨侵蚀力（*R*）、土壤可蚀性（*K*）、坡长坡度因子（LS）以及地表植被覆盖因子（*C*），对研究区的土壤侵蚀敏感性进行评价。本研究土地沙化敏感性评价参考原国家环保总局发布的《生态功能区划技术暂行规程》（2002，7）土地沙化敏感性评价指标，选择了湿润指数、冬春季大于 6m/s 大风的天数、土壤质地以及冬春植被覆盖四个因子，对研究区的土地沙化敏感性进行评价。

表 8-4 土壤保持/土地沙化防护重要性分级

生态系统类型	土壤侵蚀/土地沙化敏感程度	土壤保持/土地沙化防护重要性
森林生态系统 草原生态系统 草甸生态系统 荒漠生态系统	极敏感	高
	高度敏感	较高
	中度敏感	中等
	轻度敏感	较低
	不敏感	很低

由于地质灾害敏感性、土壤保持重要性和土地沙化防护重要性这三个指标，反映不同的生态安全问题，因此采取析取运算，计算每一个栅格上的地质灾害规避与防护指数，其计算式如下：

$$EL_3=\max（S_6，S_7，S_8） \tag{8-3}$$

式中，EL_3 为灾害规避与防护用地指数；S_6 为地质灾害敏感性；S_7 为土壤保持重要性；S_8 为土地沙化防护重要性。

根据式（8-3），利用 ArcGIS 9.2 软件中的空间分析功能，计算每一个空间单元上的灾害规避与防护指数，最后根据表 8-5 的分级标准，得出研究区灾害规避与防护用地重要性的空间分布等级图。

表 8-5 在灾害规避与防护指数评价因子及分级标准

生态用地类型	因子	基本生态元素对构成 CEL 的贡献分级			
		极重要	中等重要	一般重要	不重要
灾害规避与防护用地	地质灾害敏感性	极敏感	高度敏感	中度敏感	轻度敏感、不敏感
	土壤保持重要性	高	较高	中等	低、较低
	土地沙化防护重要性	高	较高	中等	低、较低
分级赋值		7	5	3	1

（4）自然游憩用地指数 EL_4

游憩是为了居民可以从自然环境中得到享受，主动参与到休闲活动中（刘家明，2009）。从适合市民游憩活动的景观来说，自然景观更为优越。本研究中游憩安全生态用地是指人在景观中的游憩体验过程的质量具有关键性意义的自然景观元素和空间联系。因此，游憩安全生态用地主要由现有的风景名胜区、森林公园、地质公园以及潜在的游憩高适宜生态空间组成。本研究中自然游憩用地采用自然游憩适宜性指数 S_9 进行识别。一般而言，生态系统娱乐高的地方都能为居民享受自然游憩过程提供良好的场所。根据区域的土地利用类型和谢高地等（2003）制定的娱乐文化服务价值当量，其中，园地的娱乐文化当量因子取森林和草地的平均值，计算出林地、园地、耕地、湿地等娱乐文化服务价值，然后根据游憩级别予以修正。游憩适宜性指数计算式如下：

$$S_9=l\times p\times q \qquad (8\text{-}4)$$

式中，S_9 为自然游憩适宜性指数；l 为土地利用；p 为娱乐文化服务当量；q 为游憩级别修正值，其中公园为 1.75，风景旅游区为 1.5，自然保护区赋值为 1.25，其他地方为 1。

根据式（8-4），利用 ArcGIS 9.2 软件中的空间分析功能，计算每一个空间单元上的自然游憩适宜性指数，采用标准差（1Std Dev）分类法，将自然游憩适宜性指数分为五级（极适宜、高度适宜、中度适宜、低适宜和较低适宜），最后根据表 8-6，得出研究区自然游憩用地重要性的空间分布等级图。

表 8-6 在游憩用地适宜性评价因子及分级标准

生态用地类型	因子	基本生态元素对构成 CEL 的贡献分级			
		极重要	中等重要	一般重要	不重要
自然游憩用地	游憩适宜性	极适宜性、高度适宜性	中度适宜性	低适宜性	较低适宜性
分级赋值		7	5	3	1

（5）综合生态用地指数 EL

从单因子分析得出的生态用地重要性只反映了某一因子的作用程度，要将综合生态用地重要性的区域差异综合地反映出来，则根据上述各项因子的重要性分级赋值，通过以下计算公式来计算综合生态用地指数：

$$EL=\max（EL_1，EL_2，EL_3, EL_4） \qquad (8\text{-}5)$$

式中，EL 为综合生态用地指数；EL_1 为水资源安全用地指数；EL_2 为生物多样性保护用地指数；EL_3 为灾害规避与防护用地指数；EL_4 为自然游憩用地指数。

根据式（8-5），利用 ArcGIS 9.2 软件中的空间分析功能，计算每一个空间单元上的综合生态用地指数，最后得出研究区综合生态用地重要性的空间分布等级图。

8.2.3 区域关键性生态用地 CEL 的空间结构识别

为了明确生态用地系统空间分布态势及其结构（CEL 空间），有必要对生态用地空间结构进行系统诊断，这种诊断的目的是对研究区的空间发展战略提供一个可能的空间导向，同时限定其生态涵养核心区域，使其向生态空间结构最优化的方向迈进。以 EL 综合评判为基础可以定义出区域关键性生态用地 CEL 空间结构识别模型（见图 8-1）：

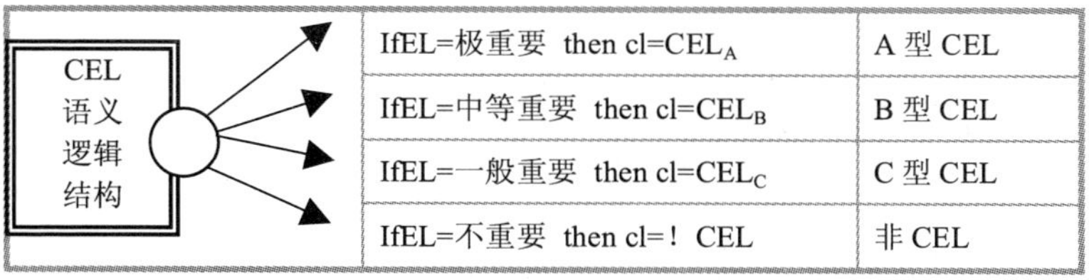

CEL 语义逻辑结构	规则	类型
	IfEL=极重要 then cl=CEL_A	A 型 CEL
	IfEL=中等重要 then cl=CEL_B	B 型 CEL
	IfEL=一般重要 then cl=CEL_C	C 型 CEL
	IfEL=不重要 then cl=！ CEL	非 CEL

图 8-1 区域关键性生态用地 CEL 空间结构识别模型

图 8-1 是以生态用地重要性评价为基础的，设置 CL 为生态用地标志变量，其值可能有四种状态，分别是极重要、中等重要、一般重要和不重要（其值分别为 7、5、3、1）。以此为基础可以定义 4 种类型的 CEL 空间结构体。CEL_A 为核心型生态用地（A 型），即底线生态用地，CEL_B 为辅助型生态用地（B 型），CEL_c 为过渡型生态用地（C 型），其余则为非关键生态用地（！ CEL）。以 EL 元素重要性空间数据挖掘成果为基础，通过图 8-1 模型处理就能够识别出 CEL 空间的具体分布结构与空间组合模式，进而为制定区域生态空间调控策略提供数据基础。

8.3 结果分析

根据上述已建立的生态用地识别指标和识别方法，利用 ArcGIS 9.2 软件，对京津冀地区进行了生态用地重要性的单因子和综合识别，得出如下各类型生态用地和关键性生态用地空间结构识别结果（表 8-7、图 8-2、图 8-3、图 8-4、图 8-5 和图 8-6）。

表 8-7　京津冀地区不同类型生态用地识别结果

识别因子	重要性等级	面积/km^2	百分比/%	累计百分比/%
水安全保障用地	极重要	38 128.96	17.64	17.64
	中等重要	35 769.70	16.55	34.19
	一般重要	25 156.21	11.64	45.83
	不重要	117 054.35	54.17	100
生物多样性保护用地	极重要	9 149.05	4.23	4.23
	中等重要	55 654.28	25.75	29.98
	一般重要	32 071.89	14.85	44.83
	不重要	119 234.00	55.17	100
灾害规避与防护用地	极重要	18 462.86	8.54	8.54
	中等重要	44 026.85	20.37	28.91
	一般重要	23 848.54	11.04	39.95
	不重要	129 770.97	60.05	100
自然游憩用地	极重要	12 981.55	6.01	6.01
	中等重要	51 819.85	23.98	29.99
	一般重要	4 450.71	2.06	32.05
	不重要	146 857.11	67.95	100
关键性生态用地	核心型关键生态用地	54 943.87	25.42	25.42
	辅助型关键生态用地	49 800.27	23.05	48.47
	过渡型关键生态用地	13 637.55	6.31	54.78
	非关键生态用地	97 727.53	45.22	100

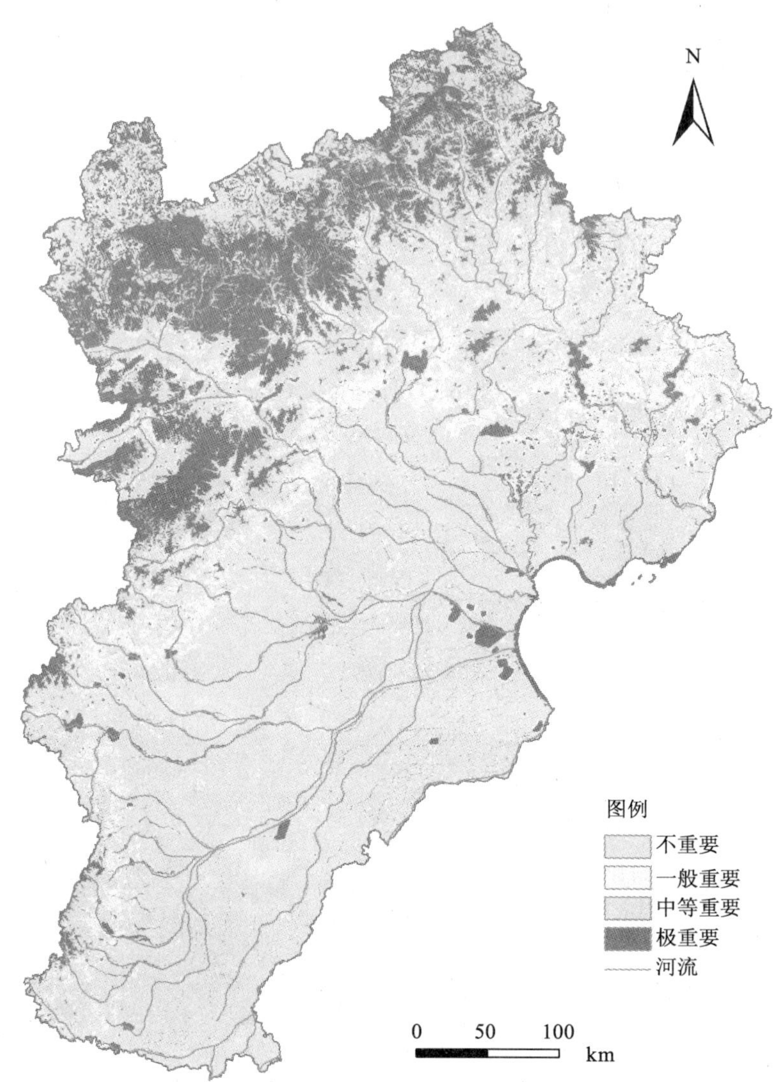

图 8-2 京津冀地区水安全保障生态用地重要性空间等级分布图

在水安全保障用地方面，从表 8-7 可以看出，评价结果为极重要和中等重要等级的面积为 38 128.96km^2 和 35 769.70 km^2，占全区总面积的 34.19%，这些区域对于维护当地水安全（洪水调蓄和水资源保护）是非常重要的。从图 8-2 可以看出，水资源安全用地的重要性区域主要分布在西北部山区的林地和东部的沿海地区，是区域主要的水源涵养地和洪水调蓄用地，应严格加以保护，禁止任何建设开发活动。

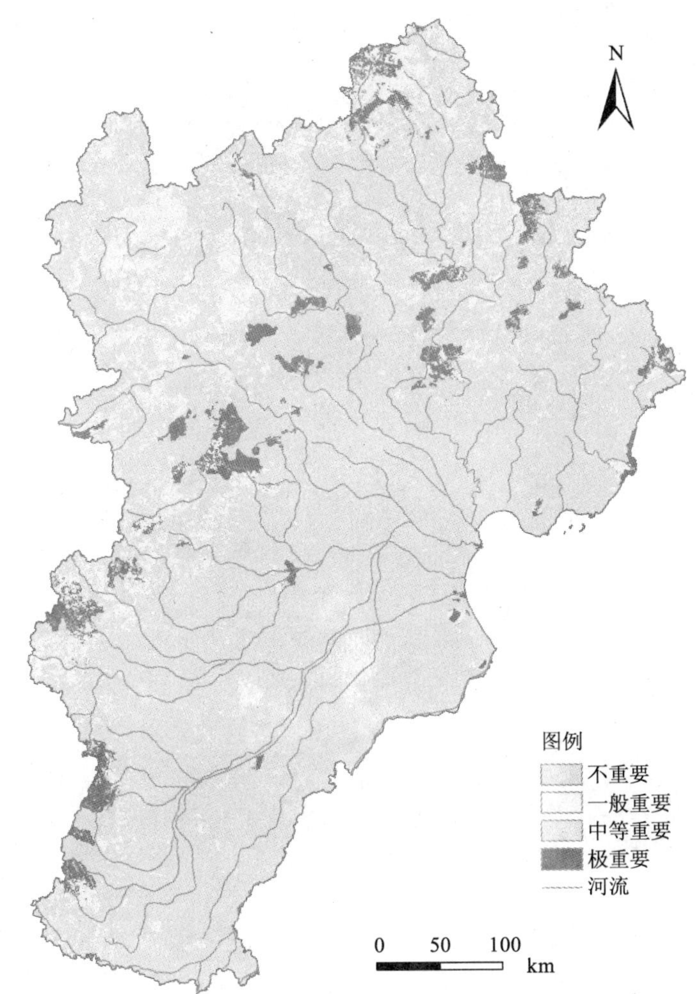

图 8-3 京津冀地区生物多样性保护生态用地重要性空间等级分布图

在生物多样性保护用地方面，从表 8-7 和图 8-3 可以看出，评价结果为极重要的面积为 9 149.05km^2，占全区总面积的 4.23%，这些区域主要是现行的辽河源、茅荆坝、小五台、金华山-横岭子褐马鸡和青牙寨等自然保护区的核心区，该区域分布着杉木、马尾松等针阔混交林，是大部分生物物种的核心栖息地，应严格加以保护。评价结果为中等重要的面积为 55 654.28km^2，占全区总面积的 25.75%，这些区域是主要分布西部的山区林地和草原草甸，是生物物种的缓冲区。极重要和重要区的面积几乎接近区域总面积的 1/3，是维护生物多样性的重要区域，对于这些区域应该严格地制定保护措施，禁止砍伐山林，并进行动态地监测。

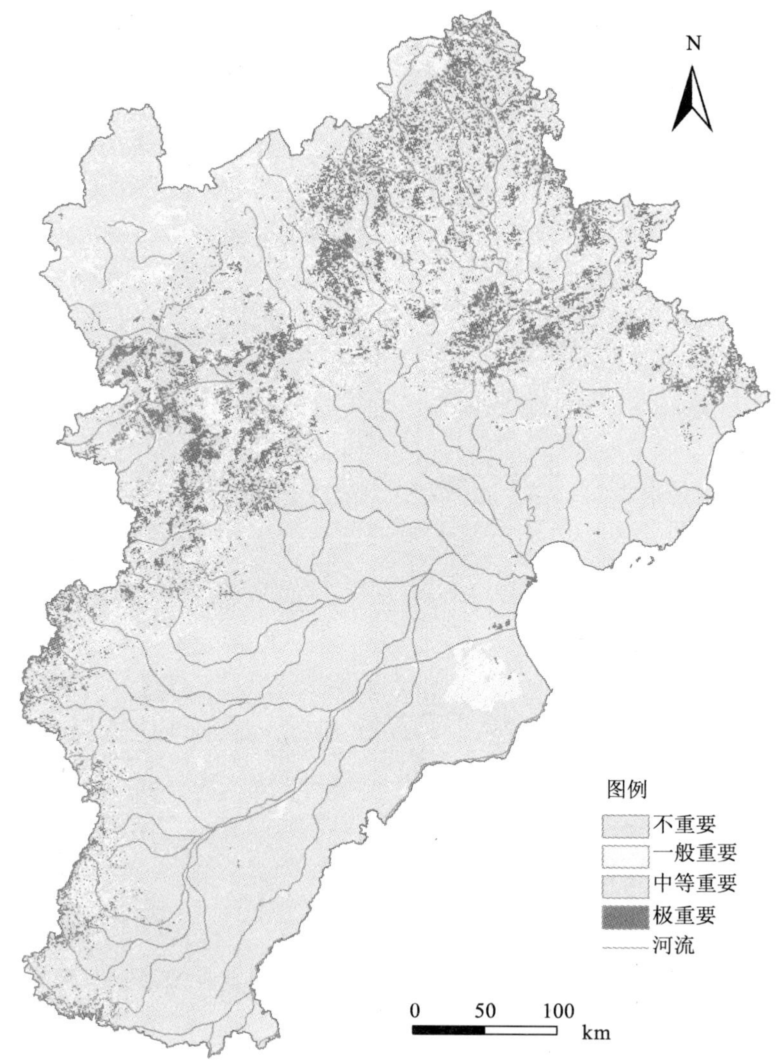

图 8-4 京津冀地区生物多样性保护生态用地重要性空间等级分布图

在灾害规避与防护用地方面，从表 8-7 和图 8-4 可以看出，评价结果为极重要的面积为 18 462.86km^2，占全区总面积的 8.54%，这些区域是滑坡和泥石流等地质灾害频发的极危险区，为了人居安全，建设开发应该避免在这些区域进行。评价结果为中等重要的面积为 44 026.85km^2，占全区总面积的 20.37%，这些区域大部分是坡度大于 25°，且地表裸露，土壤侵蚀和土地沙化极其敏感，是水土流失防护重要性区域。对于这些区域应该大力植树种草，退耕还林还草，避免进行建设开发活动。

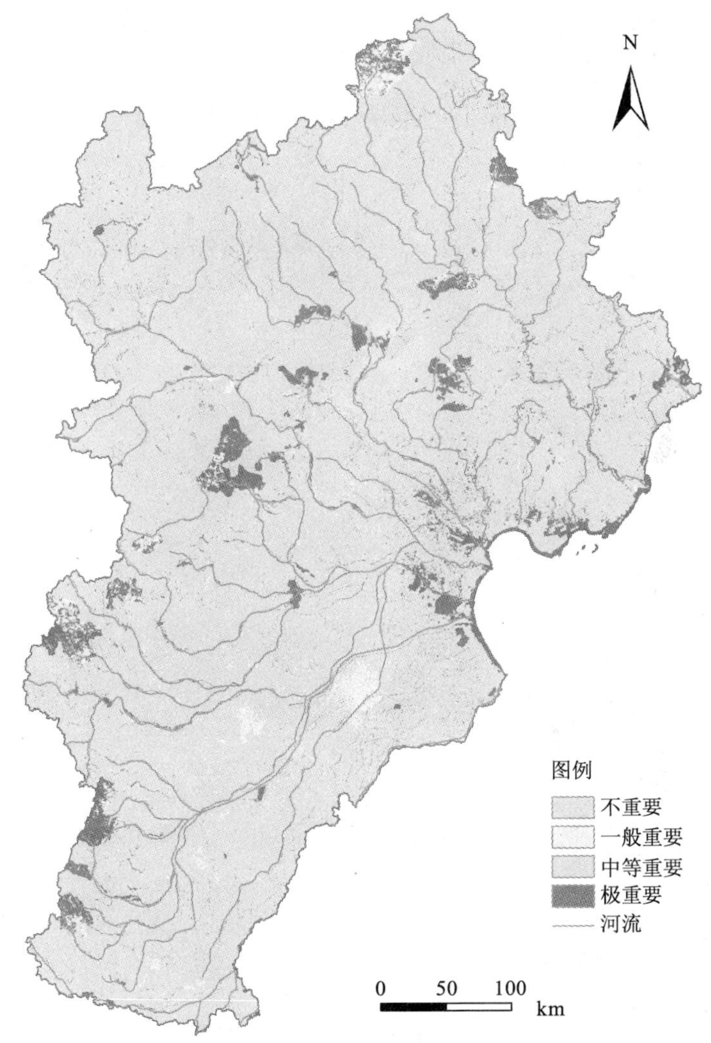

图 8-5　京津冀地区生物多样性保护生态用地重要性空间等级分布图

在自然游憩用地方面，从表 8-7 和图 8-5 可以看出，评价结果为极重要的面积为 12 981.55km^2，占全区总面积的 6.01%，这些区域分布在西北部和东部沿海地区，主要是白草洼、小龙山、野三坡、天生桥等国家级森林公园和洛河源、苍岩山等风景名胜区的核心区，主要的土地利用类型是湿地、水域和林地，因为这些土地利用类型的自然娱乐价值很高。评价结果为中等重要的面积为 49 800.27km^2，占全区总面积的 23.98%，这些区域娱乐价值也较高，是自然游憩的高适宜区，主要是分布在西北部山区的林地。对于这些区域应该控制旅游人数的容量，避免旅游过度开发，维护区域自然价值高的景观。

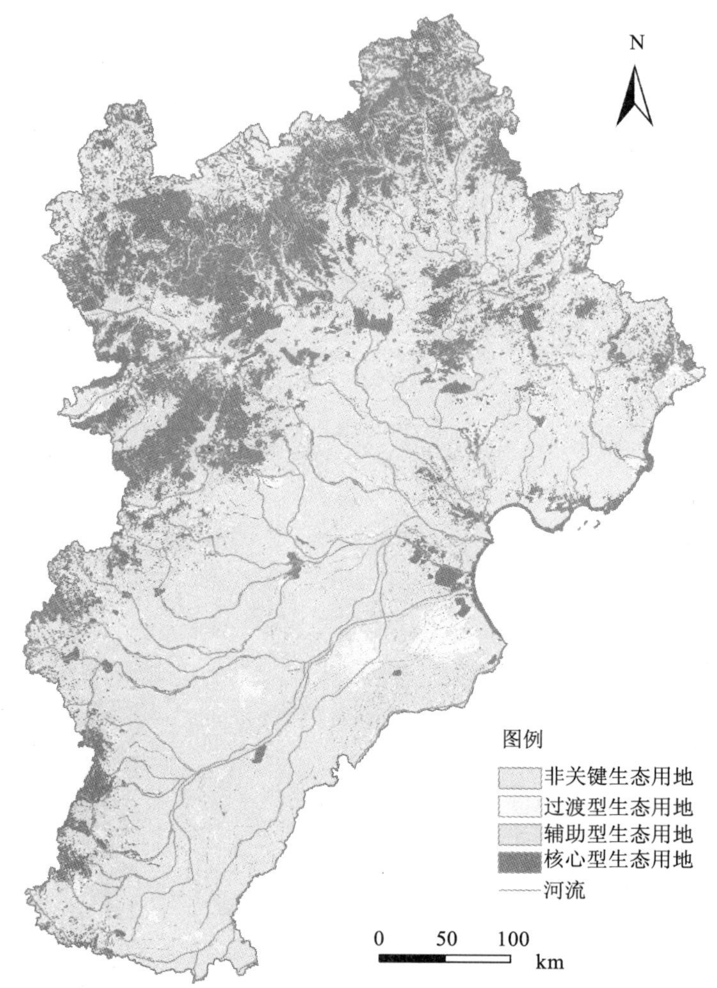

图 8-6　京津冀地区关键性生态用地空间结构图

根据区域关键性生态用地 CEL 空间结构识别模型，得到京津冀地区的区域关键性生态用地空间分布图（图 8-6）。从图 8-6 和表 8-4 可以看出，评价结果为核心型关键生态用地主要分布在西北部山区，主要是区域河流水系、湿地、自然保护区、森林公园和风景名胜区的核心区，是维护国土安全的生态屏障。核心型生态用地的面积为 54 943.87km^2，占全区总面积的 25.42%，是区域总面积的 1/4，是维护区域生态安全的底线生态用地，严格加以保护，并纳入禁止开发地区，严格任何开发建设活动。辅助型关键生态用地的面积为 49 800.27km^2，占全区总面积的 23.05%，核心型和辅助型关键生态用地接近区域总面积的 50%，主要分布在西北部和东部沿海地区，这些区域对于维护京津冀地区水土安全、生物多样性保护的关键性生态用地，需重点加以保护，禁止开发建设。非关键性生态用地区面积为 97 727.53km^2，占全区总面积的 45.22%，主要是建成区和耕地，主要承担人类居住和农业生产的功能。

8.4 结论与讨论

（1）根据不同类型生态用地的特点以及评价的目的，分别从水安全、生物多样性保护、灾害规避与防护和自然游憩 4 个方面，选取了河湖缓冲区距离、洪水调蓄区类型、水源涵养重要性、水源保护区类型、生境敏感性指数、地质灾害敏感性、土壤保持重要性、土地沙化防护重要性、游憩适宜性 9 个二级指标，构建了区域生态用地重要性指数及其关键性生态用地空间结构识别方法，并基于 GIS 平台对研究区进行了识别，识别结果能较好地反映关键性生态用地维护区域水、生物、灾害和游憩安全的空间特征，说明提出的区域关键性生态用地空间结构识别方法是可行的。

（2）京津冀地区核心型生态用地的面积为 54 943.87km^2，占全区总面积的 25.42%，是区域总面积的 1/4，主要分布在西北部山区，是区域河流水系、湿地、自然保护区、森林公园和风景名胜区的核心区，是维护区域生态安全的底线生态用地。

（3）由于我国的地形地貌复杂多变性，带来的不同区域生态用地维护生态环境安全问题的差异性，本研究建立的生态用地重要性综合指数在针对不同区域生态用地重要性评价时应该有所取舍和补充，体现识别指标体系的因地制宜性。

（4）随着我国城镇化进程的加速，人类活动范围的扩大和强度的增加，将对维护区域生态系统安全的生态用地产生更大的干扰影响，因而，对区域关键性生态用地空间结构进行识别，以明确目前面临的生态安全问题和关键性生态用地空间分布特征，这对于指导土地的生态管理，开展生态保育和生态建设，对于环境相对脆弱、生态环境敏感的区域可持续发展有着至关重要的作用。

参考文献

[1] 李秀彬. 全球环境变化研究的核心领域：土地利用/土地覆盖变化的国际研究动向. 地理学报，1996，51（5）：553-558.

[2] 苏伟忠，杨桂山，甄峰. 长江三角洲生态用地破碎度及其城市化关联. 地理学报，2007，62（12）：1309-1317.

[3] 张红旗，王立新，贾宝全，等. 西北干旱区生态用地概念及其功能分类研究. 中国生态农业学报，2004，12（2）：5-8.

[4] 岳健，张雪梅. 关于我国土地利用分类问题的讨论. 干旱区地理，2003，26（1）：78-88.

[5] 邓小文. 城市生态用地分类及其规划的一般原则. 应用生态学报，2005（16）：2003-2006.

[6] 王振健，李如雪. 城市生态用地分类、功能及其保护利用研究——以山东聊城市为例. 水土保持研究，2006，13（6）：306-308.

[7] 张林波，李伟涛，王维. 基于 GIS 的城市最小生态用地空间分析模型研究——以深圳市为例. 自然资源学报，2008，23（1）：69-78.

[8] 张颖，王群，李边疆，等. 应用碳氧平衡法测算生态用地需求量实证研究. 中国土地科学，2007，27（2）：23-28.

[9] 俞孔坚，乔青，李迪华，等. 基于景观安全格局分析的生态用地研究——以北京市东三乡为例. 应用生态学报，2009，20（8）：1932- 1939.

[10] 颜磊，许学工，谢正磊，等. 北京市域生态敏感性综合评价. 生态学报，2009，29（6）：3117-3125.

[11] 谢高地，鲁春霞，冷允法，等. 青藏高原生态资产的价值评估. 自然资源学报，2003，18（2）：189-196.

[12] 刘家明，王润. 北京游憩土地的配置与管理对策研究——基于国际视角. 人文地理，2009，106（2）：107-111.

第9章

基于元胞自动机模型的区域生态用地调控情景模拟研究

9.1 前言

在全球环境变化研究中，土地利用/覆被变化（LUCC）越来越被认为是一个关键而迫切的研究课题，其中能否合理和准确地模拟和预测土地利用变化是研究的核心部分。由于区域生态用地的变化是一个高度复杂的空间动态非线性过程，是不同尺度的自然因素和人为因素综合作用的结果，使得传统的统计学模型在土地利用变化模拟应用中存在不足。而元胞自动机（CA）是一种时间、空间、状态都离散，空间的相互作用及时间上的因果关系皆局部的网格动力学模型，其“自下而上”的研究思路，强大的复杂计算功能、固有的平行计算能力、高度动态以及具有地理空间概念等特征，使得它在复杂系统微观空间变化模拟方面具有很强的能力（周成虎等，1999；黎夏，2007）。因此，基于元胞自动机（CA）模型进行区域生态用地的调控模拟研究，在一定程度上能表现出传统数学模型几乎无法描述的非线性特性，并能模拟不同调控策略下的管理效果。

目前，国内外学者已把CA模型用于城市增长、扩散、土地利用变化和规划模拟中。如在城市增长和扩散研究方面，Batty和Xie（1999）用CA模拟了布法罗市阿姆斯特镇的郊区城市扩张。Clarke和Gaydos（1998）用CA模拟预测了美国东部加利福尼亚旧金山海湾地区和华盛顿/巴尔的摩走廊的城市扩张。Li和Yeh（2000）在CA的转换规则中，嵌入规划目标，模拟不同情景下的城市发展格局。在土地利用变化与规划模拟方面，Ward（1999）运用优化元胞自动机模型对东澳大利亚（Eastern Austrian）的土地利用可持续发展进行了模拟。Mathey 等（2007a，2007b）整合了时间和空间目标探索了一种协同演化的元胞自动机模型用于空间显现自然动态过程的森林规划。杨小雄（2007）探讨了在政策及相关规划约束、邻域耦合、适宜性约束、继承性约束及土地利用规划指标约束下的土地利用规划布局的元胞自动机模型。邱炳文等（2008）集成灰色预测模型、多目标决策模型、元胞自动机模型、地理信息系统技术方法，建立了土地利用变化预测模型。杨娟等（2010）在充分挖掘数据的前提下，使多要素共同转化为 CA-Markov 模型的转化规则，分别模拟出了三种规划方案下的眉山市东坡区土地利用数量及空间变化情景。

因此，本研究设置自然发展、目标导向和生态优先 3 种情景，构建土地利用格局演化的 CA 模型，模拟不同情景下的生态用地发展格局，通过比较不同情景下的关键性生态用地的损失量和空间形态等，揭示不同政策执行下的生态用地调控效果，为区域生态系统健康和区域可持续发展提供决策依据。

9.2 土地利用格局演化 CA 模型

9.2.1 情景设置

由于未来土地利用格局和政策的不确定性，本研究设置了 3 种情景来模拟生态用地格局。

（1）情景 I——自然发展型

该情景假定未来（2020 年）区域生态用地的变化按照历史的发展趋势推进，即根据过去生态用地的变化规律和经济驱动力的发展情景，可以预测未来（2020 年）生态用地空间发展格局。

（2）情景 II——目标导向型

该情景假定未来（2020 年）区域生态用地的变化按照研究区土地利用总体规划中所设定的发展速度和保护目标进行推进，即未来建设用地增量的约束和耕地保护目标的约束，则可以预测未来（2020 年）生态用地空间发展格局。

（3）情景III——生态优先型

该情景假定优先保护好区域具有重要生态系统服务功能的关键性生态用地空间，在综合考虑研究区的自然环境特点和土地利用总体规划方案的基础上，理性调控城市化、经济发展、城镇用地扩张和耕地开发对生态用地的挤占，从而预测未来（2020 年）生态用地空间发展格局。

9.2.2 模型的基本思路

总模型主要由宏观总量预测模块和微观演化格局预测模块两个子模块组成。模型的基本思路是：从解决传统 CA 在时空模拟是存在的缺陷角度出发，引入情景分析方法，首先，为土地利用格局设定 3 种发展情景，即自然发展型、目标导向型和生态优先调控型，其中目标导向和生态优先调控情景中嵌入政府的规划目标。每一种情景预测未来各土地利用类型总量，并以总量预测值控制 CA 迭代时间；其次，以 CA 模型为基础，选择影响土地利用变化的自然和社会人文因素，通过 Logistic 回归的元胞适应度计算、邻域空间影响以及强制性约束条件的确定，引入随机项后，以元胞综合转换概率代替复杂的转换规则的制定；最后，在 GIS 技术支持下，模型综合宏观预测与微观演化两方面优势进行区域土地利用空间情景变化模拟，模型思路如图 9-1 所示。

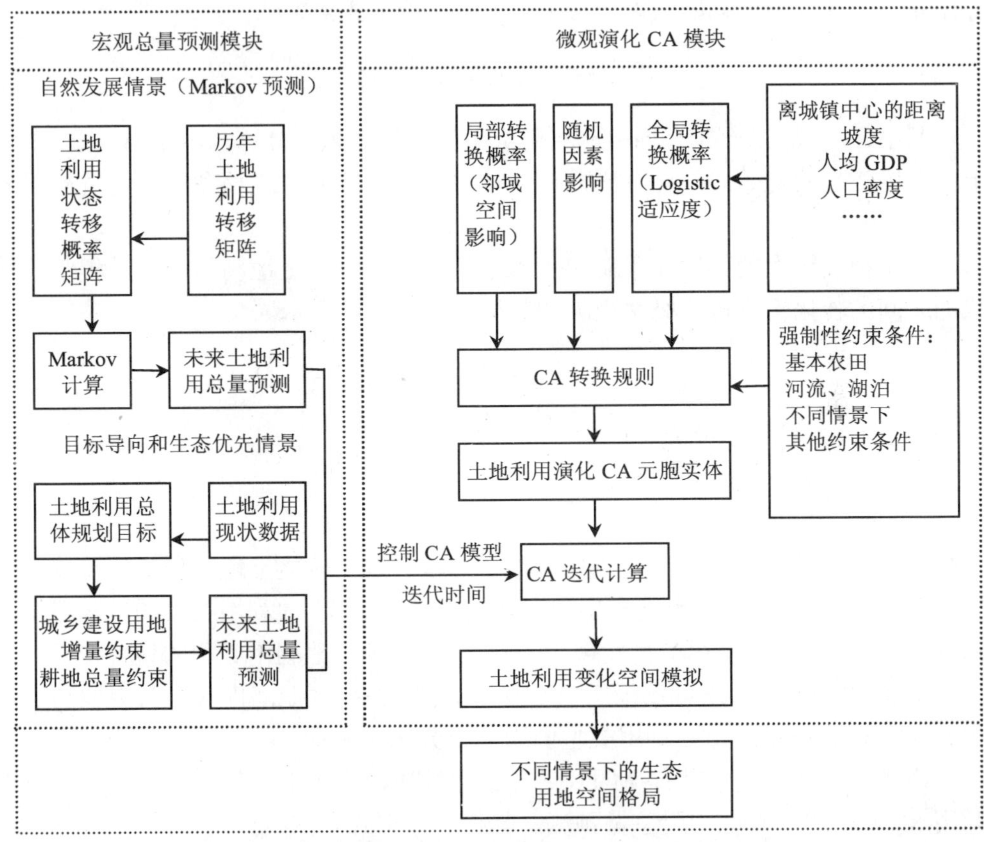

图 9-1 不同情景下的土地利用演化 CA 模型构建思路

9.2.3 土地利用宏观总量预测子模块

（1）自然发展情景的区域土地利用宏观总量预测

土地利用类型的发展变化具有双向性，既可以将当前类型转化为其他类，也会从其他类型向当前类型进行转化。在这种随机转化的过程中，土地利用的类型、数量、程度、形式不断发生改变。这种包含众多难以用数学方式准确描述与表达的土地变化过程符合马尔柯夫（Markov）研究的条件。马尔柯夫预测是利用状态之间转移概率矩阵预测事件发生的状态及其发展变化趋势，它的特点是无后效性，根据事件的目前状况预测其将来各个时刻（或时期）的变动状况，而不管系统如何过渡到现在的状态。

首先，确定土地利用的初始状态 P（0）——对研究区域进行分类并获取各土地利用类型的分布与数量特征。将每种土地利用类型占区域土地利用总面积的百分比作为土地分析的初始状态以 P（0），可以用下式来表示：

$$P(0)=[p_{1(0)},p_{2(0)},p_{3(0)},\cdots,p_{n(0)}] \tag{9-1}$$

其中，$P_{1(0)}$ 表示第 1 种土地利用类型的初始面积百分比，$P_{2(0)}$ 表示第 2 种土地利用类型的初始面积百分比，…，P_n（0）表示第 n 种土地利用类型的初始面积百分比。

马尔柯夫模型的关键在于确定土地利用转移概率。土地利用变化过程中各种状态之间的转化构成转移概率矩阵。其构成形式如下所示。

$$P_{ij}=\begin{bmatrix} P_{11} & P_{12} & P_{13} & \cdots & P_{1n} \\ P_{21} & P_{22} & P_{23} & \cdots & P_{2n} \\ \cdots & \cdots & \cdots & \cdots & \cdots \\ P_{n1} & P_{n2} & P_{n3} & \cdots & P_{nn} \end{bmatrix} \tag{9-2}$$

式中，P_{ij} 表示研究期间内土地利用类型 i 在该时段内转化土地类型 j 的转移概率矩阵；行表示 t 时期的 i 土地利用类型转化为 t+1 其他土地利用类型的转移概率；列表示 t 时期的土地利用类型转换为 t+1 时期的 j 种土地利用类型的转移概率。其中，转移概率矩阵 P_{ij} 既可以采用土地利用类型 i 在研究期间内转化为土地利用类型 j 的面积 A_{ij} 占初始土地利用类型面积的百分比来表示。

由于土地利用变化具有 Markov 过程的性质，当土地政策基本平稳时，可以利用 Markov 进行土地利用总量预测，其模型如下式表示：

$$X_{t+1} = X_t \cdot P_{ij}(i, j = 1, 2, \cdots, n) \tag{9-3}$$

式中，X_{t+1}、X_t 分别表示 t+1、t 时刻的土地利用系统状态；P_{ij} 为不同时段的状态转移概率矩阵。对区域内不同时段的土地利用转移矩阵进行统计，可以构成 Markov 状态转移概率矩阵。本研究规定模拟是当 CA 元胞数量迭代到 Markov 预测值[$X_{t+1}-N$，$X_{t+1}+N$]范围内（N 为控制阈值），模型迭代停止，以此解决传统 CA 模型时间难以确定的问题。

（2）目标导向和生态优先调控情景的区域土地利用宏观总量预测

目标导向和生态优先调控情景下的区域土地利用宏观总量预测主要是根据区域土地利用总体规划方案中确定的城乡建设用地增量和耕地总量约束基础上，在规划基期现状数据的基础上，预测建设用地总量和耕地总量，然后预测生态用地和未利用地总量。

9.2.4 基于 CA 模型的土地利用微观格局演化子模块

CA 由元胞（C）、状态（S）、时间（T）、邻域范围（N）、转换规则（R）五个最基本的部分组成，简单地讲，CA 可以视为由一个元胞空间和定义于该空间的转换函数所组成，即：$S_{(t+1)}=f(S_{(t)}, N)$。本研究提出基于 Logistic 回归的元胞适应度计算，并利用邻域函数确定元胞领域空间影响，最后结合强制性约束条件随机项计算 CA 综合转换概率，以此解决传统 CA 复杂的转换规则难以制定的问题。

9.2.4.1 全局转换概率确定（基于 Logistic 回归的元胞适应度计算）

在土地利用发展模拟的过程中，元胞转换为其他土地利用类型的概率越高预示着发展为其他土地利用类型的适宜性越大。一系列影响土地发展的空间变量能够很好地度量土地发展的适宜性问题。这些变量包括土地演变过程中的自然因素、社会经济因素等。本研究以相关文献（Wu，2002）的 Logistic 回归模型研究为基础，构建 CA 元胞适宜度计算。公式如下：

$$P(i_m) = E(Y_m | X_i) \tag{9-4}$$

式中，$P(i_m)$ 表示土地单元 i 在状态 X_i 时，选择第 m 种土地利用类型的概率；X_i 为土地利用变化影响因素，如距城镇中心的距离、距河流的距离、人口密度等；$m \in$ {耕地，建设用地，生态用地，未利用地}。

对逻辑回归方程组采用 Theil 正规化之后，土地利用类型转换率可以表示为：

$$P(i_m)=\frac{\exp(\alpha_m+\beta_m X_i)}{1+\sum_{j=2}^{n}\exp(\alpha_j+\beta_j X_i)} \qquad m=2,\ldots,n;\text{且}\sum_m P(i_m)=1 \tag{9-5}$$

对方程组求解，可以得到一定时期内元胞单元 i 从原来的土地利用类型转移为类型 j 的概率集合，每个元胞对应的概率最大值，就是应该元胞下一期可能转移的土地利用类型；研究主要保存各地类的元胞适宜度作为 CA 全局转换率，$P(i_j)$ 值在[0，1]之间。

9.2.4.2 局部转换概率确定

单元发展概率 P_{ij} 只考虑到各种空间距离变量对其转化的影响，而 CA 的邻域影响是一个非常重要的因子，因此，我们还需要考虑邻域对中心单元的影响，在 CA 中增加了使土地利用类型趋于紧凑的动态模块，防止空间布局凌乱的现象。其定义公式如下：

$$\Omega^t_{(i_m)}=\frac{\sum_n \text{con}(i_m)}{n-1} \tag{9-6}$$

式中，$\Omega^t_{(i_m)}$ 表示 t 时刻第 i 个地块单位上适合第 m 种土地利用类型发展的局部概率；con（i_m）是像元邻域范围内｛耕地，建设用地，生态用地，未利用地｝的总数目，n 为邻域范围内的总体像元数目。

9.2.4.3 强制性约束条件的设定

在 CA 模型中还必须考虑客观的单元约束条件，譬如，水体、基本农田等发展成建设用地的可能性一般较低。因此，在 CA 模型中有必要引入单元的约束条件 $\text{con}(S^t_{ij}=\text{suitable})$，con 值在[0，1]之间。本研究中对不同的情景，设置不同的约束条件，以体现调控手段对关键性生态用地的保护程度。具体分为：①对于自然发展情景，约束条件只是基本农田禁止演化；②对于目标导向情景，约束条件只是水体、基本农田等禁止演化；③对于生态优先调控情景，即推行退耕还林还草、保护湿地、一级水源保护区、自然保护区、风景名胜区、地质公园等限制区禁止开发，以及耕地总量控制等政策，其约束条件为基本农田、水体、一级水源保护区、自然保护区、风景名胜区、地质公园等核心区禁止演化，25° 以上的山体严格建设开发并全部作为生态用地。

9.2.4.4 随机因子的设定

土地空间扩展过程中存在各种政治因素、人为因素、随机因素和偶然事件的影响和干预，特别是人的参与，使其更为复杂（黎夏，2007）。因此，为了使模型的运算结果更接近实际情况，反映出土地系统所存在的不确定性，在改进的约束性 CA 中引进随机项。该随机项可表达为（White *et al.*，1993）

$$R = 1 + (-\ln \gamma)^{\alpha} \tag{9-7}$$

式中，γ为值在（0，1）范围内的随机数；α为控制随机变量影响大小的参数，取值范围是 1～10 的整数。

9.2.4.5　CA 元胞综合转换概率的确定

综合考虑全局发展概率、局部邻域转换概率、单元约束条件的影响和随机项的因子后，任意单元在 t+1 时刻发展的概率可由下式表达：

$$P_{总}^{t+1} = P_{i_m}^{t} \times \Omega_{i_m}^{t} \times \mathrm{con}(S_{ij}^{t} = \mathrm{suitable}) \times R \tag{9-8}$$

式中，$P_{总}^{t+1}$表示 t+1 时刻土地发展的综合概率值；$P_{i_m}^{t}$ 表示元胞单元的全局发展概率值；$\Omega_{i_m}^{t}$ 表示元胞单元的受邻域空间范围影响的概率值；$\mathrm{con}(S_{ij}^{t} = \mathrm{suitable})$ 表示元胞单元的约束值；R 表示土地发展过程中的随机变量。

将综合概率值标准化到（0，1）之间，与所选定义的发展为建设用地的阈值 $P_{\mathrm{threshold}}$ 进行比较。

$$\begin{cases} P_{总} \geqslant P_{\mathrm{threshold}}, & \text{转变为建设用地} \\ P_{总} < P_{\mathrm{threshold}}, & \text{转为其他用地} \end{cases} \tag{9-9}$$

当 $P_{总} < P_{\mathrm{threshold}}$ 时，土地应转化为其他用地，即｛耕地，生态用地，未利用地｝其中之一。其转化规则的定义为：在局部约束条件中，统计当前元胞周围邻域范围内的｛耕地，生态用地，未利用地｝的像元数目，根据公式（9-8）计算每种土地利用类型的转换概率，而全局转换概率与随机因子不变的情况下，分别计算｛耕地，生态用地，未利用地｝三种土地利用类型的转换概率并取最大值，若

$$\begin{cases} P_{总} \geqslant P_{\mathrm{threshold}}, & \text{转变为}i\text{的土地利用类型} \\ P_{总} < P_{\mathrm{threshold}}, & \text{保持原有土地类型不变} \end{cases} \tag{9-10}$$

那么，i 为｛耕地，生态用地，未利用地｝其中之一。

9.3 模型应用

9.3.1 研究区和数据源

以北京市为例进行实证研究。研究数据为河北师范大学资源环境学院提供的京津冀地区北京市 2000 年、2005 年遥感解译数据，辅助数据有 2000—2005 年土地变更调查数据，以及 1∶10 万地形图、DEM、历年统计年鉴等。由于没有获取到研究区基本农田的分布数据，利用农田分等定级中的优质农田数据替代。目前，大多数 CA 模型的研究在选择区位因素，如离最近城镇中心、公路等的距离，而对土地利用变化影响较大的社会经济因素则较少考虑，是其难以空间量化的主要原因，但这些影响因素是绝不能忽略的，其对现代土地利用系统的变化影响往往是起到重要的推动作用。本研究为了能更加真实开展 CA 模型，在自然因素的基础上将人口和 GDP 两个社会经济因素考虑进来，研究根据相关研究成果的基础上最终选取了 5 个自然变量和 2 个社会变量（表 9-1），其原始属性值标准化到[0, 1]，并内插成 100m×100m 的栅格数据。研究中地理空间数据的采集和预处理基于 ArcGIS 软件，遥感图像预处理及分类基于 ERDAS 软件。整个模型在 Visual Basic 环境下开发实现。

表 9-1 逻辑回归模型挖掘转换规则所需要的空间变量

变量类型		获取方法	标准化值
因变量	2000—2005 年转为城镇用地	叠加分析	0～1
	2000—2005 年转为耕地	叠加分析	0～1
	2000—2005 年转为生态用地	叠加分析	0～1
自然因素自变量	离最近城镇中心的距离	ArcGIS 的 Eucdistance 函数	0～1
	离最近公路的距离	ArcGIS 的 Eucdistance 函数	0～1
	离最近河流的距离	ArcGIS 的 Eucdistance 函数	0～1
	DEM	地形图数字化	0～1
	坡度	ArcGIS 的表面分析模块	0～1
社会因素自变量	人均 GDP	ArcGIS 的 IDW 反比插值	0～1
	人口密度分布	ArcGIS 的 IDW 反比插值	0～1

9.3.2 模型参数设置及结果分析

研究首先将各土地利用类型2000—2005年的扩展变量作为因变量Y以及影响因素图（自变量 X_i）叠加，随机采样的数据量为 20%的比例。随机的采用点坐标信息通过 Visual Basic 语言提供的随机函数 Random( ) 编程得到，并保存为 ASCII 格式的文件。将得到的样本数据导入 SPSS 统计软件，执行逻辑回归模型。根据 Logistic 回归模型进行元胞适宜度计算。邻域空间影响主要分析 3×3 邻域。自然发展情景的强制性约束条件主要是基本农田，并赋值为 0。Markov 总量预测依据历年土地利用转移矩阵计算得到，并控制 CA 模型迭代的次数。

设置好模型后，现以 2000 年土地利用类型为基础现状模拟 2008 年模拟图，以训练模型参数，同时利用 ArcGIS 的叠加分析进行点对点精度检验，即计算地类不一致的元胞数与总元胞数的比值，得到总体精度为 82.36%，模拟精度较好；然后利用训练后的模型通过约束条件的改变，模拟自然发展情景、目标导向情景和生态优先调控 3 种情景下的 2020 年土地利用发展格局(表 9-2，图 9-2)。

表 9-2 北京市不同情景下 2020 年土地利用类型预测面积 单位：km²

土地利用类型	2005 年	2020 年		
	现状	自然发展情景	目标导向情景	生态优先情景
建设用地	2 885.32	3 835.82	3 189.32	3 189.32
耕地	4 232.66	3 798.57	4 003.17	3 903.64
生态用地	9 237.15	8 728.13	9 105.78	9 266.64
未利用地	30.59	23.20	29.15	25.72
总面积	16 385.72	16 385.72	16 385.72	16 385.72

从图 9-2 和表 9-2 可以看出，北京市土地利用在自然发展情景下，即以目前的发展趋势不加以调控，预测 2020 年建设用地的增加幅度较大，增加了 32.94%；耕地减少了 10.26%，生态用地减少了 509.02km^2。从模拟情况来看，按照目前的趋势不加以控制城乡建设用地的规模，耕地减幅太大，离土地利用规划总体确定的 2020 年耕地保有量有较大缺口；同时建设和耕地开发对生态用地的占用面积也较大。

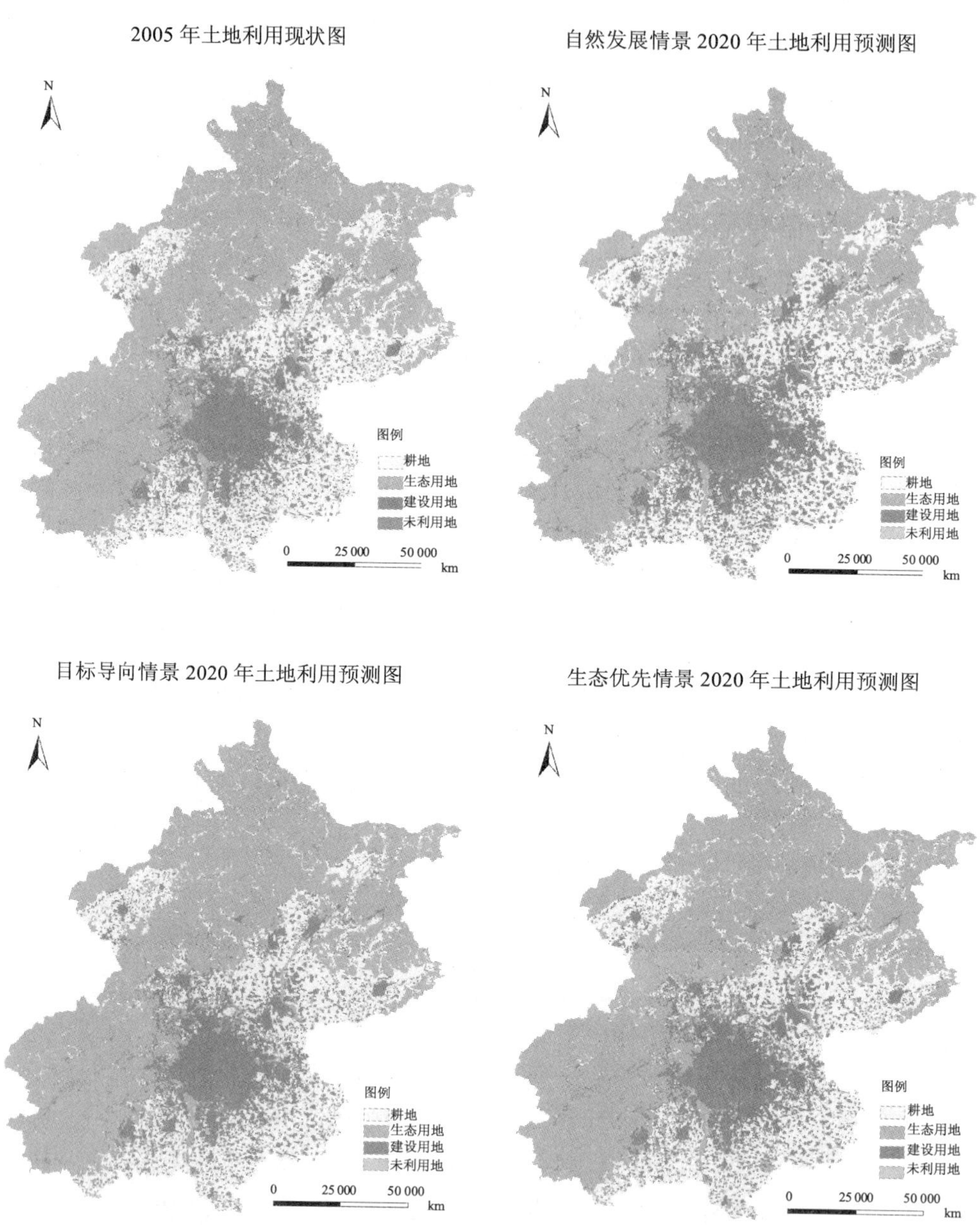

图 9-2　北京市 2005 年现状和不同情景下 2020 年土地利用预测图

根据北京市土地利用总体规划（2006—2020 年）中的调控指标，2020 年城乡建设用地的增量不得突破 304km^2，以及 2006—2020 年期间耕地的减少幅度控制在 7.97%之内。从表 9-2 可以看出，在目标导向情景下，模拟预测了 2020 年建设用地的增加了 10.54%，耕地减少了 5.42%，生态用地减少了 131.37km^2。

生态优先保护情景下，即优先实施生态调控政策，推行退耕还林还草、一级水源保护区、自然保护区、风景名胜区、地质公园等禁止开发建设等政策，CA 模型模拟预测了 2020 年建设用地增加 304km^2，耕地减少了 5.42%，生态用地增加了 29.49km^2。在生态用地保护数量优势方面，生态优先情景＞目标导向情景＞自然发展情景。

利用 Fragatats3.3 软件计算不同情景下土地利用格局指数，并把不同情景下模拟的 2020 年土地利用格局图和前一章的关键性生态用地图进行叠加，分析不同情景下关键性生态用地的占用量，可以比较不同情景下生态用地空间保护效果，具体结果见表 9-3。

表 9-3　不同情景下 2020 年生态用地空间格局保护效果比较　　单位：km^2

评价指标	2005 年	2020 年		
	现状	自然发展情景	目标导向情景	生态优先情景
低安全水平关键性生态用地损失量	0	311.86	186.32	6.33
高安全水平关键性生态用地损失量	0	1567.1	1 195.19	1 138.25
最大斑块指数（LPI）	48.088 6	48.771	50.537	51.538
斑块结合度指数（COHESION）	99.915	99.908	99.903	99.909
分离度（SPLIT）	4.322	4.202	3.913	3.763
聚集度（AI）	96.243	96.157	96.090	96.251

从表 9-3 可以看出，不同情景下北京市 2020 年土地利用格局中耕地、建设用地占用关键性生态用地的情况来看，自然发展情景生态用地的损失量＞目标导向情景的损失量＞生态优先情景的损失量。因此，研究区应优先采取生态调控措施，严格限制区开发建设，推行退耕还林还草，以便较好地保护区域的关键性生态用地，维护区域生态安全。

从景观优势度方面看，生态优先情景下生态用地的最大斑块指数最大为 51.538，其次是目标导向情景为 50.537，最小的为自然发展情景。结果表明，生态优先情景下有效地保护了生态用地的优势斑块，有利于生态用地对整个景观生态安全的维护。

聚集度指数反映了景观中不同斑块类型的聚集程度，分离度指数反映斑块在空间分布上的分散程度。从表 9-3 可以看出，生态优先情景生态用地的聚集度最大，为 96.251，其次是自然发展情景生态用地的聚集度，目标导向情景生态用地的聚集度最小，为 96.090，说明生态优先情景下的生态用地更趋于聚集。而自然发展情景生态用地的分离度＞目标导向情景生态用地的分离度＞生态优先情景生态用地的分离度，表明自然发展情景下的生态用地斑块之间更趋于分散。

综合不同情景下生态用地的面积总量、关键性生态用地的损失量以及空间形态 3 个方面的因素，不同情景下的生态用地格局优劣排序为：生态优先情景＞目标导向情景＞自然发展情景。

9.4 结论与讨论

本研究运用情景分析法，通过设置自然发展、目标导向和生态优先 3 种情景，构建了土地利用格局演化的 CA 模型，模拟北京市不同情景下的 2020 年土地利用发展格局。主要结论如下：

（1）从各土地利用类型的面积来看，在自然发展情景下，建设用地增加了 32.94%，突破了规划方案中 2020 年城乡建设用地的规模；耕地减少了 10.26%，离土地利用总体规划确定的 2020 年耕地保有量有较大缺口；同时建设用地和耕地开发对生态用地的占用面积也较大。在目标导向情景和生态优先情景下，建设用地指标和耕地指标均符合土地利用总体规划的要求，但生态优先情景下，2020 年生态用地面积呈增加趋势。

（2）从关键性生态用地的损失量来看，自然发展情景生态用地的损失量＞目标导向情景的损失量＞生态优先情景的损失量。

（3）从生态用地的空间形态来看，生态优先情景下的生态用地格局有效地保护了生态用地的优势斑块，同时生态用地斑块之间的聚集程度较大。

（4）综合生态用地的面积总量、关键性生态用地的损失量以及空间形态 3 个方面的因素，2020 年不同情景下的生态用地格局优劣排序为：生态优先情景＞目标导向情景＞自然发展情景。

（5）北京市未来的土地利用管理中应该优先推行退耕还林还草政策、保护湿地、禁止对一级水源保护区、自然保护区、风景名胜区、地质公园等限制区的开发，以维护区域生态系统健康与安全。

由于多智能体系统（MAS）是目前用来分析和研究 LUCC 中人的决策行为的重要工具。多智能体系统“与生俱来”的智能性、适应性、交互性、主动性特别适合模拟各种政策或者个人决策问题，可以为自然资源的可持续利用管理提供最优决策。若能将本研究中提出的土地利用格局演化 CA 模型与 Multi-agent 模型结合起来，建立一个能够模拟多智能体（政府、开发商和农民）的决策行为共同影响下的土地利用演化模型，将是 CA 模型在土地利用系统研究中的发展趋势，也是本研究下一步的工作重点。

参考文献

[1] Batty M，Xie Y，Sun Z. Modeling urban dynamics through GIS-based cellular automata. Computer，Environment and Urban Systems，1999，23（3）：205-233.

[2] Clarke K C，Gaydos L J. Loose-coupling a cellular automata model and GIS：long-term urban growth prediction for San Francisco and Washington/Baltimore. International Journal Geographical Information Science，1998，12（7）：699-714.

[3] Li X，Yeh A G O. Modeling sustainable urban development by the integration of constrained cellular automata and GIS. International Journal of Geographical Information Science，2000，14（2）：131-152.

[4] Mathey，A.H.，Krcmar，E.，Tait，D.，et al. Forest planning using co-evolutionary cellular automata. For. Ecol. Manage. 2007，239：45-56.

[5] Mathey，A.H.，Krcmar，E.，Tait，D.，Dragicevic S.，et al. An object-oriented cellular automata model for forest planning problems. Ecol. Model.（2007），doi：10.1016/j.ecolmodel.2007.11.003.

[6] Wu F. Calibration of stochastic cellular automata：The application to rural-urban land conversions. Geographical Information Science，2002，16：795-818.

[7] Ward D P，Murray A T，Phinn S R. A stochastically constrained cellular model of urban growth. Computers，Environment and Urban Systems，2000，24：539-558.

[8] White R，Engelen G. Cellular automata and fractal urban form：a cellular modeling approach to the evolution of urban land-use patterns. Environment and Planning A，1993，25：1175-1199.

[9] 周成虎，孙战利，谢一春. 地理元胞自动机研究. 北京：科学出版社，1999.

[10] 黎夏，叶嘉安，刘小平，等. 地里模拟系统：元胞自动机与多智能体. 北京：科学出版社，2007.

[11] 杨小雄，刘耀林，王晓红. 基于约束条件的元胞自动机土地利用规划布局模型. 武汉大学学报（信息科学版），2007，32（12）：1164-1167.

[12] 邱炳文，陈崇成. 基于多目标决策和模型的土地利用变化预测模型及其应用. 地理学报，2008，63（2）：165-174.

[13] 杨娟，王昌全，夏建国，等. 基于元胞自动机的土地利用空间规划辅助研究——以眉山市东坡区为例. 土壤学报，2010，47（5）：847-856.

第 10 章

区域生态用地调控的对策

10.1 增补生态用地为土地利用一级地类

由于长期缺乏自然生态保护观念下形成的单纯耕地保护理念的驱动，在建设用地需求快速扩张推动下，人类对自然生态系统的侵占以及干扰广度和强度的增加，伴随着工业化大潮推动下出现的环境破坏，在全国范围内已经形成环境污染加重，南部自然生态大面积消失，东北部水土流失和自然生态严重退化，北部和西北部自然生态系统濒临崩溃，沙漠化快速发展的局面。迫切需要在土地利用管理中增加生态用地规划内容，通过土地利用总体规划对生态用地和人类社会生产生活用地进行总体平衡和妥善安排，促进节约集约用地，在保障人类社会对土地资源基本需要的同时，为保护好自然生态，促进自然生态及环境改善提供基本的生态资源和空间保障。

我国现行的《土地利用现状分类》国家标准中还没有生态用地一级地类，当时在 12 个一级类中只有功利性的土地利用类型，而忽略了土地利用的生态价值，没有将功能性的生态用地（比如作为地球之“肾”的湿地、作为城市之“肺”的永久性绿地、作为物种基因库的生物多样性保证用地等）纳入土地利用分类标准中，致使很多生态功能区的土地利用无法分类，生态功能无法保障。2007 年，国务院下发的《关于编制全国主体功能区规划的意见》（国发[2007]21 号）中，明确要求“将国土空间分割为优先开发、重点开发、限制开发和禁止开发四类”，其中禁止开发区域主要为生态用地，其他三类区域也要有生态区。因此，建议在我国《土地利用现状分类》国家标准中增加一个一级类别，即由现行的 12 个增加到 13 个一级类，切实把生态用地突出出来。这样才能在今后的土地利用过程中不至于过分侵占生态用地，生态功能得到必要的维护，确保区域生态系统健康与安全。以生态用地作为调控手段，将自然生态保护纳入国土资源宏观调控范畴，作为各级政府及其国土资源部门守土有责、保障社会发展可持续性重要职责的基本内容之一；结合此次土地利用总体规划修编明确生态用地的地位，可以成为国土资源管理为生态环境的改善、人与自然的和谐、人类社会的可持续发展服务的一个有效途径。

10.2 推行退耕还林还草、封山育林和水源保护政策

以培育和保护森林资源为中心，加强封山育林和水系源头保护，禁止乱垦滥伐，加快生态恢复进程，大力调整林业结构，增强林地生态屏障功能，实现资源、环境、经济协调发展。坚持绿色为基调，以绿化为主线，积极开展封山育林工作，大力实施国家公益林、省公益林建设工程，逐年增加生态公益林面积；不断加大现有林地的保护管理，严禁乱砍滥伐，围绕森林生态体系建设，重点实施退耕还林、生态公益林，在区域范围内营造点、线、面结合，布局合理、结构优化、功能完备的森林生态网络体系。

退耕还林必须坚持生态效益优先，以生态保护功能较大的树种为主，适当种植经济树种。要正确处理退耕与粮食、药材等作物种植的关系，给农户留足适量的口粮地，引导农户合理套种。同时处理好退耕还林与产业结构调整的关系。退耕还林为产业结构调整提供了契机，但并不完全等同于产业结构调整，也不能完全等同于扶贫工程，必须严格技术标准，把退耕还林与产业结构调整、扶贫开发等有机结合。退耕还林还草是一项生态建设工程，周期长、牵扯面广、政策性强，如何稳步实施，须站在可持续发展的战略高度制定合理的，切实可行的政策和地方法规，保证取得最大限度的综合效益。并要确保各地的统一实施，要加强政策实施检验工作，切实落实政策效果。要谨防实施中的腐败现象，加大监督力度，并要强调实施效果。各地要建立专门的检查机构，对政策实施的效果给予全面的监督检验，确保政策的落实。

为减少人类活动对生态环境的不良影响，对生存条件恶劣、生态环境破坏严重的边远山区，通过移民外迁，缓解生态环境压力。实施生态移民，不仅有利于生态环境恢复和建设，而且可改善农民生产、生活条件，也是建设社会主义新农村的要求。

10.3 加强生态用地动态监测，不断优化生态用地结构与布局

区域生态用地是一个动态变化的过程，在区域未来产业布局和结构调整过程中必然会涉及土地利用结构的变化，同时导致生态用地结构产生变化。生态用地相关主管部门应根据生态用地数量配置指标标准和空间配置要求对生态用地实施动态监测，及时发现生态用地数量和空间配置中存在的问题，不断优化生态用地结构与布局。对宏观生态用地数量和空间布局配置存在问题的，主管部门应协调相关单位进行解决，不断强化对区域生态用地的管理。

对生态用地的安排给予高度重视，确定自然生态用地和土地利用生态保护类型控制指标，保证生态用地的数量和质量。在编制和修订土地利用总体规划时，充分考虑生态保护和建设的需要，明确自然生态用地的指标控制量以及其他土地利用类型生态保护控制指标。保护耕地是为了保障吃饭的问题，而保护生态用地及其他用地的生态质量是为了保障生存与长远发展的考虑。因此，至少在当前一段时期需要将保持一定数量的自然生态用地，给予生态用地较高的保护力度，强化其他类型土地生态服务功能的保护与建设作为土地利用规划编制的一项基本原则。保证生态用地与农用地、建设用地三者的份额基本平衡，各类生态系统用地均能得到充分保证。实事求是地确定生态用地，根据自然生态实际情况确定对生态用地的保护与建设指标。土地、环保、林业、农业、畜牧、水利、海洋、采矿等自然资源利用和管理部门，以及城建、工业、铁道、交通、电力、通信、旅游、国防等具有显著环境影响的部门，需要密切沟通、协同工作，根据各地自然生态特点和保护的需要，结合生态功能区的划分，在土地利用规划中具体明确生态用地的类型、数量、区划位置、相互关联或展布关系，并确定相应的生态影响准入标准和人工生态系统建设规模控制指标，以便于根据实际情况对自然生态系统给予切实有效的保护。

10.4 创新区域生态补偿机制

生态补偿是以保护和可持续利用生态系统服务为目的，以经济手段为主，调节相关者利益关系的制度安排。生态补偿应包括以下几方面主要内容：一是对生态系统本身保护或破坏的成本进行补偿；二是通过经济手段将经济效益的外部性内部化；三是对个人或区域保护生态系统和环境的投入或放弃发展机会的损失的经济补偿；四是对具有重大生态价值的区域或对象进行保护性投入。根据国家有

关法规政策精神，按照“商品有价，服务收费”和“谁受益，谁负担”的原则，有关部门共同制定一个生态补偿办法，并尽快实施。应该认识到生态补偿费属于生态服务收费，而绝不是一种行政收费。征收生态补偿费的范围主要是对由于开发建设、使森林和湿地遭到破坏，生态效益丧失的开矿、采油等，征收费用于恢复植被、补充耕地，补偿生态效益损失。

国家层面上尽快建立实施生态用地补偿机制，实施生态补偿政策，对生态用地的保护者从利益上进行补偿。可以从矿产、森林、水资源、土地等资源开发和电力建设、排污权拍卖等方面征收和获得生态补偿费，建立省级环保生态补偿基金。在完善纵向转移支付制度的同时，应建立政府间的横向转移支付制度，构建生态用地补偿常态机制。

发挥财税政策在生态补偿中的主导作用。要按照主体功能区规划要求，加大生态因素在均衡性转移支付中的权重，充分考虑成本差异，不断完善对重要生态功能区的转移支付办法，加大各级财政对重要生态地区的转移支付力度。对生态重要区域的转移支付，既要能够弥补地方政府为保护生态环境所支付的费用，还要考虑地方政府因限制经济发展而付出的机会成本。要充分发挥税收杠杆调节和政策导向的作用，加大对生态环境有负面影响的经济活动主体的税收征收力度，逐步建立有利于减轻生态环境损坏、促进生态环境改善的税收制度。完善现有生态建设工程的投入政策。对以生态效益为主的生态公益项目建设，投入资金应该全部由政府分担；对于有一定经济效益的生态建设项目，要按照生态效益所占比例的大小，合理确定政府投入比例。

尽快建立生态效益指标和监测体系。这是建立生态补偿机制的重要基础性工作。国家有关部门要尽快开展生态效益测算的专项研究工作，包括生态系统服务功能的物质量和价值量的核算方法，资源开发和工程建设活动等的生态环境代价核算方法，合理生态补偿标准的确定等；与此同时，还要加强对生态环境情况的动态监测，建立科学的生态环境监测和生态效益指标评价体系，为科学合理地开展生态补偿提供理论支撑和科学依据。

10.5 完善立法，确保生态用地保护措施的有效实施

虽然我国已颁布了《自然保护区法》、《森林法》等法律法规，但生态用地保护的法律法规还不健全，比如还没有湿地保护法，且有些法律缺乏配套的实施条例，这样使得我国大部分重要的生态用地面临着建设用地的占用和耕地开发的威胁。因此，应该尽快完善生态用地立法，确保生态用地保护措施的有效实施。生

态用地政策法规应包括利用方式和规模、规范和标准、检查和监督、引导和控制、生态补偿费用征收、利益分配等方面内容。

完善生态补偿的相关法律法规。加快完善法律法规，使生态补偿进入法制化、规范化轨道，是建立健全生态补偿机制的重要前提和基础。目前，我国开展的生态补偿试点，主要是依据有关行业法律法规中的有关条款，而在执行这些条款时又缺乏统一的法律法规及细化的实施细则和操作办法，影响实际工作效果。要按照国家主体功能区规划的战略部署和基于主体功能区规划的生态补偿框架，尽快制定综合性的生态补偿法律法规，对我国生态补偿的基本原则、补偿对象、补偿标准、资金筹措、工作分工及职责、监督评估等作出全面系统的规定。同时，各地各部门要依据国家的综合性法规，研究出台本地本部门的实施办法和规章，形成一整套分工明确又相互衔接的规章制度体系，做到有法可依、有章可循、照章办事。

根据中国人口、资源、生态和环境的现状，生态用地立法应以维护生态系统平衡和保障生态安全，实现资源的可持续利用为基本出发点，坚持“全面保护、生态优先、突出重点、合理利用、持续发展”的方针，坚持保护生态平衡是第一性的，其他与之有利益冲突的开发与利用都是第二性的。只有这样才能保障生态用地在国民经济发展中的生态、经济和社会效益的充分发挥，避免生态用地破坏和生态资源短缺引发人民群众的不满，防止生态环境的退化对经济构成威胁，实现生态用地的可持续发展。

10.6 理顺生态用地的管理体制

在管理体制上应进行改革理顺，单独建立一个自上而下的专门管理机构。目前，我国学者普遍认为生态用地应该统一由一个部门管理，避免各个部门由于交叉管理和职责不清而出现互相推诿、见利就上的现象，从而有助于生态用地的整体保护。具体由哪个部门进行管理存在着不同主张，有人主张由现有的某个湿地管理部门进行统一管理，比如林业部门或者国土资源部门，或者由地方政府进行统一管理，也有人建议可以成立一个跨行政区域的专门管理湿地的部门。作者同意后一种观点，认为成立一个专门管理生态用地的部门比较合适。正如有的学者认为的那样：一是如果将生态用地管理部门定位在林业部门或者国土资源部门，这一部门在管理生态用地的同时，还要管理其他资源，工作任务会很繁重，而且对生态用地这一需要紧急特殊保护的资源保护能力会降低，有关专家和人员的配置也很难达到任务的要求；二是在生态用地管理过程中遇到与本部门利益冲突的情形下，也缺乏相应的协调能力；三是林业部门或国土资源部门直接归地方政府领导，地方政府也只能是委托一个行政部门进行管理，而对于跨行政区的生态用地保护工作仍将难以协调。

10.7 加强生态用地保护宣传教育，推动公众参与

生态用地保护的成败关键在群众。要积极搞好宣传，加强生态环境保护的宣传和教育力度。切实加大对生态环境保护的宣传教育力度，增强人民的生态意识，树立可持续发展战略的思想，形成良好的生态环境氛围。抓住“世界地球日”、“世界环境日”等契机，充分利用电视、广播、报纸等新闻媒体，开展生态环境保护的宣传教育和环境普法工作，特别应重视各级领导干部和企业管理者的生态环境保护与经济社会发展的综合决策能力提高。

同时，进一步加强新闻舆论和社会舆论监督，建立社会公众积极参与的有效机制。扩大公众对生态用地保护的知情权、参与权和监督权，扩大和保护社会公众享有的环境权益。对直接涉及人民群众切身利益的，要广泛听取人民群众的意见和要求，自觉接受社会公众的监督，使决策符合广大人民群众的利益。建立和完善信访、举报和听证等公众参与生态保护机制，充分调动广大人民群众参与生态用地保护的积极性，维护区域生态安全。

引进企业环境信息公开机制制度，加大执法监督主体。生态用地属于全民所有或者劳动群众集体所有，因此社会公众有权对生态用地作出保护、利用、处置等行为，进行监督和参与管理。细化公众参与条款，使其具有可操作性，增补人民群众监督的方式和方法，设立举报和立案制度，有效遏制在保护区乱采滥挖的行为。同时引入企业环境信息公开机制，可对政府管理部门的决策实行有效监督，在公众信息知情权与实现企业环境信息公开的成本之间确定一个相对合理的界限，制定企业强制性和自愿性相结合的环境信息公开模式，以拓宽公众参与监督的渠道，提高生态用地周边企业减少污染排放的自觉性，使执法更行之有效。

后 记

本著作是在我的博士后出站报告基础上整理而成的，首先要感谢我的博士后导师李秀彬研究员。在博士后工作期间，虽然不能时常在老师的身边聆听教诲，但每一次谈话和课题研讨都让我受益匪浅。老师治学严谨、知识渊博、勇于探索、平易宽容待人、言谈举止大家风范，追求创新和一丝不苟的科研态度，时刻铭记在心，是我终身学习的榜样。从博士后论文的选题、野外考察、论文撰写、修改到定稿的每一步，无不倾注着老师的心血和汗水。

我的硕士导师刘黎明教授，博士导师张新时院士和李波教授在我求学和工作期间都始终鼎力支持、关心和鼓舞我，对他们表示衷心的感谢。

在博士后工作期间，同门师兄龙花楼研究员、刘成武教授、谈明洪副研究员、辛良杰博士、田玉军博士，师姐孙宁博士、李子君博士和李静博士，师妹陈瑜琦博士和师弟赵宇鸾博士、郝海广博士，他们在生活和工作上给予了我大量的关照和支持，对他们表示诚挚的谢意。

特别感谢中国科学院地理科学与资源研究所的吕昌河研究员、朱会义研究员、张明副研究员、张镱锂研究员、李家永研究员、冉圣宏副研究员、刘林山博士、于伯华博士、王兆锋博士和汪昱含女士，他们在我博士后工作期间给予的大力支持。

在此还特别要感谢河北师范大学的王卫教授和刘劲松教授，他们治学严谨、知识渊博，对论文的顺利完成给予大量的帮助。特别是在河北师范大学的数据处理和工作期间，他们在野外考察、数据资料收集和生活中给予了极大的帮助，使论文得以顺利完成。

中国科学院地理科学与资源研究所土地覆被变化与土地资源研究室的王涛、聂勇、张伟等博士，他们在我学习中提供了不少帮助，在此向他们表示感谢。

此外，还要特别感谢我爱人王鹏及其亲人，为了照顾宝贝儿子谢烨东，你们付出了太多的心血和汗水，在此对你们表示深深的谢意；同时还要谢谢你们的理解和支持。你们的关心、理解和支持使我顺利完成学业和继续努力工作的前提和动力源泉。

另外，在博士后研究工作期间，还得到江西财经大学鄱阳湖生态经济研究院孔凡斌教授、黄和平博士、宫之君博士、陈拉博士、胡海胜博士、姚冠荣博士、唐继刚博士和何尤刚副教授等领导和同事们的大力支持，对他们表示感谢。

我的研究生王金政、胡静等参与了部分案例区的研究工作，王金政、胡静、邹金浪、彭小琳、安援、郝登超、徐彩瑶、汪文平参与了书稿的校对工作，在此对他们表示衷心的感谢。

本书的内容是我主持承担的国家自然科学基金项目“基于多智能体行为的区域生态用地演变机制与调控模拟研究”（41061049）和教育部人文社会科学基金项目“快速城镇化地区土地经济承载力测度和预警实证研究”（08JC790050）的前期研究成果。

由于区域生态用地的演变机制与调控研究还处在探索阶段，其理论和方法还不成熟，再加上作者能力有限，书中不免会有欠妥之处，诚请读者不吝斧正。

谢花林

2011 年 7 月 22 日于江西财经大学蛟桥园